優雅地當個鏟屎官

李小孩兒 繪
有毛 UMao 團隊 編

知出版

前言

本書共有3個章節，以風趣幽默、可愛十足的漫畫形式，敘述貓主人李小孩兒和她的小貓咪之間的故事，還原養貓人的爆笑生活，同時將與小貓咪有關的知識融入其中。可單獨閱讀漫畫，每一篇漫畫故事都精簡有趣。

本書內容豐富，增加了「貓咪小知識」專欄和插畫作品。閱讀本書，你可以一邊大笑，一邊加深對小貓咪的了解，並且被貓主人與小貓咪之間的深厚感情所感動。

本書適合所有小貓咪愛好者閱讀，你又怎能錯過？

角色介紹

毛毛

一隻混血奶牛貓（是中華田園貓的混血兒，也稱為黑白花），男孩子，2歲，活潑好動，精力旺盛，傲嬌又黏人，從來不會「喵喵」叫，經常欺負鏟屎官。

乾飯寶

短毛小橘貓，男孩子，是毛毛的好朋友。

小葵

趙大童的貓咪之一，是一隻體重曾達9.6kg的大橘貓，男孩子，最喜歡「吃吃吃」。

趙大童

李小孩兒的朋友，十多年老「貓奴」，美食愛好者，經常幫助李小孩兒應對小貓咪的健康問題。

李小孩兒

有「社交恐懼症」的鏟屎官，喜歡世界上所有貓科動物。雖然養貓有一段時間了，但還是會遇到各種問題。

目錄

人
貓

Chapter 1

我們為甚麼需要小貓咪？

01 小貓咪取名寶典

毛毛總結了近幾年鏟屎官各種取名方法，你會發現，人類這傢伙取名時到底有多「隨心」。

1

方法 1

大小 + 數位 + 顏色。
如果是黑貓，很可能被隨便叫作：
大黑、小黑、
小……二……黑。

2

由此類推，還可以叫：
大黃、小黃、大白、二白、大花、小花、大橘、大大橘、大大大橘……
此取名法的優點非常明顯：一個公式可以有千萬種組合，特別適合在時間緊迫之下使用。
缺點是：非常容易被別人猜中名字。

3

方法 2

符合小貓咪特徵的簡單疊字法。
這方法很好理解，長得可愛的叫：
甜甜、美美、寶寶、
貝貝、可可、愛愛。

4

身上有花紋的叫：
斑斑、點點、條條、豆豆……

5

身材略微圓潤的叫：
團團、圓圓、胖胖、壯壯……
＊ 網紅貓 MARU 的名字，日文含義就是「圓圓」。

6

有些名字起得太形象化，
貓似乎也會向這個方向成長。
比如：鬧鬧、笨笨、團團……

7

方法 3
得益於博大精深的中華飲食文化：
食物取名法。
據不完全統計，以食物取名的小貓咪佔的比例達到 30%-40%。

8

在動物醫院工作的朋友說，
在喊小貓咪就診時，
感覺有點像點菜：
排骨、蒸餃、小南瓜，
請到一號診症室……
粉絲、布丁、湯圓，
請到二號診症室……

9

從小貓咪的名字，
就能看出主人對某些食物的偏愛。
主食系：
叉燒包、餃子、餛飩、葱油餅……

10

肉食系：
腸仔、雞髀、魚蛋、五花腩……

11

水果系：
榴槤、Apple、橙橙、西瓜……

12

零食、甜品、飲料系：
肉鬆、乳酪、蛋撻、薯片、
珍奶、可樂……

13

地方小食系：
SabuSabu、缽仔糕、雞蛋仔……

14

用食物取名，優點在於取之不盡，
但晚上喊小貓咪時，
不知不覺地感受到食物的召喚。

15

方法 4

明明是貓，非用別的動物取名：
老虎、Lion、猴子、豬豬……

16

方法 5

有些名字寄託了主人的願望：
旺財、招福、Money、元寶、財神……

17

方法 6

有些貓咪的名字和人名的區別，
只差一張身份證：
李勝利、趙鐵柱、張美麗……

你們太認真了。

18

如取名用力過激，後遺症是帶小貓咪
看病時，總免不了遭人白眼。

19

還有很多人用英文或數字
給小貓咪取名。
有人甚至交給人工智能幫忙……

20

在香港，
還有一個名字無法被忽略。

21

99% 小貓咪會做出反應，
100%「貓奴」對這個名字
如數家珍，
它就是大名鼎鼎的——

22

為甚麼貓都叫咪咪？
「咪」是模仿貓咪叫聲的象聲詞，
和「喵」基本上是相同意思。
當你發出「咪咪」聲時，

23

貓咪以為你和牠交流，
所以大多有反應。
「咪咪」屬於上揚音，
讀起來音調較高，
更容易喚起小貓咪注意。

你找哪位咪咪？

24

在中國早期文學作品，
貓被稱為「咪咪」，
就成了約定俗成。
「咪咪」可不是平平無奇的稱呼，
而是文人取的好名字。
跟狗名字相比，「咪咪」
可是「殿堂級」。

25

必須強調，
無論你最後鎖定那個貓咪名字，
能召喚到「主子」的，
才是真正的好名字啊！

26

乾飯寶：勸你重新取名吧！

02 被小貓咪當寶寶是一種甚麼體驗？

鏟屎官一直以養貓人自居，但在小貓咪眼裏，誰養誰還不知道？原來我們……一直被小貓咪照顧。以下 6 種行為表明——小貓咪在養你！

1

行為 1：
幫你舔毛

在小貓咪的世界，
地位較高的貓
給地位較低的貓舔毛。

2

舔毛代表——
我允許你效忠於我。

3

行為 2：
一直跟着你，
包括上廁所、洗澡

為了保護你，
小貓咪必須隨時留意你的動向，
以免你陷入危險。

4

你一個人待在奇怪的地方，
真是太讓小貓咪擔心了。

5

行為 3：
睡在你旁邊

小貓咪和你一起睡，
是關係親密的表現。
有些貓咪還隨時觀察
你身邊的動向，
完全是保護你 。

6

總之作為貓「家長」，
小貓咪連睡覺都擔心
你是否活着。

7

行為 4：
帶「禮物」給你

小貓咪帶獵物給你，
原因很複雜，
除了養你，
而且家是牠的領地。
小貓咪把獵物帶給你看，
也想得到你表揚。
鏟屎官要妥善處理獵物，
別讓貓「家長」傷心。

8

行為5：
不埋屎

有時家中地位高的小貓咪，
故意不埋屎來宣告：
這是我的地盤。

* 小貓咪不埋屎的原因較複雜：
例如患病、貓砂盆和貓砂
不符合要求等，
鏟屎官需仔細查出原因。

9

行為6：
檢查家中每樣東西

為了領地安全，小貓咪對進門每樣
東西進行「安檢」。

10

「安檢」不合格的，
決不許吃。

11

小貓咪為這個家付出很多。
你了解自己的真實身份了嗎？

請選擇。

03 養了貓，你會和小貓咪越來越像嗎？

小貓咪和鏟屎官也有「親子臉」。

1

就連行為和氣質、
身材都越來越像。

2

有的甚至一模一樣。

3

小貓咪和鏟屎官越來越像？
從長相來說，
有專家證實「親子臉」
確實存在。

4

在挑選小貓咪時，
人會潛意識選擇「最順眼那隻」，
即選擇和自己最相像的那隻。

6

鏟屎官的性格與貓的性格，
有着頗有趣的聯繫。
主人性格友善隨和，
小貓咪的個性也友好親人。

5

所以，
養貓也遵從
「不是一家人，
不進一家門」
的道理。

7

主人宅在家、沒有社交生活，
小貓咪也怕見陌生人。

* 如出生後 2-9 週，小貓咪沒見其他人類，
會增加長大後怕人的概率。

8

若主人情緒波動大，
甚至焦慮、暴躁，
小貓咪的性格也受影響。

9

變得比較焦慮、膽小，
甚至有攻擊性。
如鏟屎官的不良情緒
長期加予小貓咪，
牠還可能患上與壓力相關的疾病，
鏟屎官必須調整自己的情緒！

10

在日常生活，
鏟屎官和小貓咪也存在
趨同效應。
最普遍的是，
除了「偶爾」半夜不睡、
凌晨起得早，還有……

11

很多小貓咪的作息盡量調
整來配合主人。

12

不愛運動並喜歡
美食的鏟屎官，
大概也有一隻
比較胖的小貓咪。

13

行為學家發現，
有些小貓咪會模仿主人的行為。
在你半夜打開雪櫃時……

14

所以在身材上，
各位好自為之……

15

證據已證明，
鏟屎官和小貓咪
從長相、性格到生活方式，
越來越像，也包括睡姿。

16

最終，表情也一模一樣。
到底是誰跟了誰，還無法確認……

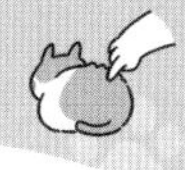

04 只有養貓人才懂的「被感動」時刻

小貓咪做過甚麼事，令你「被感動」？那種「天哪！我被上天選中」的幸福感覺，可能只有養貓人才懂。

1

「被感動」時刻 1

小貓咪抱着你的手臂睡了。

2

當你想偷偷抽出手臂時，
結果小貓咪卻……

3

「被感動」時刻 2

和朋友一起出門，
在路邊看到小貓咪，
牠竟然……直走過來，

4

選擇和你……

愛的「貼貼」

啊啊啊！
我是被全世界選中的人！

有病？

要遲到了

5

「被感動」時刻 3

冬天，手腳冷冰冰，
看着身邊暖綿的小貓咪，

6

瘋狂試探……

毛？

腳偷偷伸向肚子。

毛毛：你在挑戰我嗎？

7

「被感動」時刻 4

當你出門旅行，
從閉路電視看到小貓咪，
並叫起牠們的名字。

8

結果看到這樣的畫面——

隔空示愛

小葵：你到了哪兒？小魚乾放在哪？

9

你恨不得馬上結束旅程，
回到「主子」身邊。

10

「被感動」時刻 5

平時在家，
從來不給好臉色的
「主子」，

11

到了醫院就……

12 「被感動」時刻 6

日常鏟屎時偶爾也能
收穫驚喜！

13 「被感動」時刻 7

加班到深夜，
打開門的一刻
總看到……

＊小貓咪能輕易識別主人的腳步聲。

14

其實有你們的日子，
「被感動」時刻多的是。
和你們在一起的
每一天、每一刻，
都是難以忘懷。

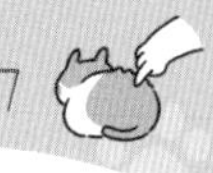

05 養貓人，身體結構正發生巨大變化

經過深入調查發現，
有些養貓人的身體結構悄悄發生變化，隨着時間推移越來越明顯。
我們來看看養貓人特殊的身體結構。

1

3

據專業人士分析，
這個變化大多在晚上
悄悄地形成。

騎馬式睡姿。

2

腳部形狀

不養貓人的腳：直的。

養貓人的腳：彎的。

4

腳部結構

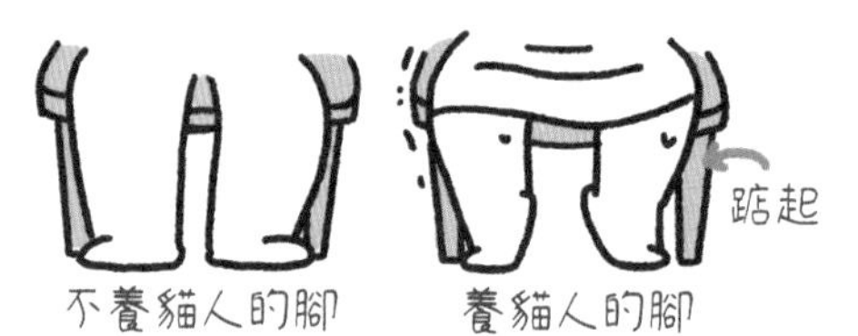

5

因為，
養貓人坐下時，

6

往往有這樣的條件
反射——

7

手臂結構

不養貓人的手臂

養貓人的
「麒麟臂」

8

他們只是——
搬貓砂達人、運送專員。
鏟屎官為這個家……
付出了太多！

9 身體結構

不養貓人的身體

養貓人的「金鐘罩鐵布衫」

10

每日不停苦練，
必獲「金剛不壞之身」。

11

「功力」視乎小貓咪的體重、
運動量來決定。

12 眼部結構

不養貓人的眼睛：
人類面部識別功能。

看！那是隔壁的黃先生。
誰呀？在哪兒？
近視＋臉盲

13

養貓人的眼睛：小貓咪面部識別功能。

哪兒？
那邊有一隻橘色的貓嘴上有蝴蝶斑。

14

身體內部結構

變化還不僅僅在表面，
就連身體內部結構也變得……奇怪。

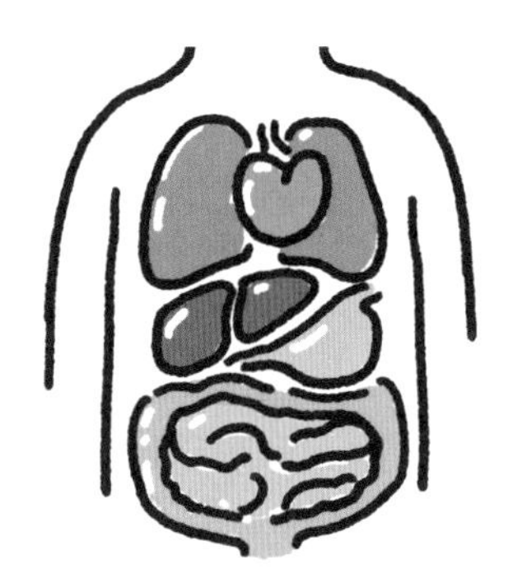

不養貓人的內部結構

李小孩兒眼中養貓人的內部結構

15

調查表明，
大部分人養貓後會經歷身體改造，
從內而外地徹底淪為「工具人」。

不養貓人的大腦

李小孩兒眼中養貓人的大腦

16

看到最後，
你的身體還好嗎？

06 八款受國家級保護的小貓咪

小貓咪族群龐大，野生貓科動物有 40 種之多。
在鏟屎官眼裏，牠們都很可愛。
雖然有些野生貓科動物看起來和家貓差不多，但一旦養了就會……犯法！

1

鏽斑貓

住在印度半島和
斯里蘭卡雨林，
被當地人視為
「大熊貓」般存在。

2

牠的體型非常小，
還沒有成年家貓一半大，
體長 35-48 厘米（不計算尾巴），
體重 0.8-1.6kg。

3

豹貓

和家貓最相似的野生貓科動物，
孟加拉豹貓就有牠的基因。
牠經常被人誤認為是普通小貓咪。
實際上屬國家二級保護動物。

4

黑足貓

身材嬌小，平均體重 2kg，
長相十分可愛，
生活在非洲納米比亞、博茨瓦納
及津巴布韋等國家。

5

牠是世界上最兇猛的
貓科動物之一，
晚上可徒步 32 公里捕獵，
成功率高達 60%
（東北虎捕獵成功率只有 10%，
跟獵物與環境有關）。

6

沙漠貓

小型貓科動物，
有一雙萌萌的大耳朵。
憑敏銳的聽覺，
能捕捉沙中獵物。
據說是迪士尼卡通人物
玲娜貝兒（LinaBell）的原型。

7

在北非、西南和
中亞沙漠生活，
坐擁地球上最大的
天然「貓砂盆」。

8

藪貓

生活在非洲西部、
中部和東部的大草原，
身形瘦長，像迷你獵豹。
曾經風靡一時的薩凡納貓，
是藪貓和家貓的雜交貓種。

9

牠有纖細的四肢和
大大的耳朵，
是貓科動物中四肢
非常修長的品種，
肩高可達 53 厘米，
天生大長腿。

10

獰貓

牠是眾所周知的「雙馬尾獸」，
主要分佈在非洲、西亞及南亞西北部。
直立跳躍可達 3.7 米高！
因性格溫和，曾在伊朗和印度被當作
獵貓（現不允許飼養），
用於捕鳥。

11

猞猁

生活在北溫帶寒冷地區，
是世界上最大的「貓」（貓科猞猁屬）。

* 猞猁有很多種類，所示為加拿大猞猁。

12

牠有兔子般短尾巴、
特長的後腿、厚實的腳毛，
在雪地行走像穿了雪地靴，
保暖又防滑。

13

兔猻

據說在地球存在了 500 萬年，
兔猻在突厥語稱為 Dursun
（意思為站住），
傳說獵人在遠處喊「兔猻」，
牠會馬上站住而得名。

14

牠雖然看起來又肥又圓，
實際上體型和家貓差不多，
只是毛非常蓬鬆。
兔猻身長 46-65 厘米，
體重 2.5-4.5kg。

15

與其他貓科動物靠顏值出名不同，
兔猻是靠搞笑表情包受人歡迎。

16

最後提提大家，
以上介紹的貓科動物，
全屬於大自然，
夠可愛也不能飼養。

07 很強的養貓人，才做到的十件事

自問是愛貓的你，
能否做到以下的事？

第 1 件事：
當小貓咪剛拉了大便，
一分鐘都不耽誤
馬上就鏟。

第 2 件事：
水碗裏的水髒了一點或
超過 12 小時，
不但馬上換水，
還把水碗從裏到外洗乾淨。

第 3 件事：
不論家裏養了幾隻貓，
出門時也不讓衣服上有貓毛。

4

第 4 件事：

小貓咪只要一叫：「早！」

5

你會馬上起床，
給「主子」做早飯。

6

第 5 件事：

無論半夜小貓咪如何
跑、叫、滾，
你也能睡得很香、很甜。

7

第 6 件事：

無論護膚品、手機，
還是其他家當，
都放在桌子角，
一點兒也不怕。

8

第 7 件事：

水杯喝完放下就走。
回來拿起來就……

第 8 件事：

拍了無數張小貓咪照片，
不管多可愛，
也絕對不發給朋友。

10

第 9 件事：
外面的小貓咪再可愛再主動，
也堅決不會摸。

11

第 10 件事：
親小貓咪的時候，
只要牠表示一點點不願意，

12

絕不強求一秒。

08 小貓咪的正確使用方法

養貓真的沒用嗎？
一定是鏟屎官的使用方式不對！快來看看吧！

1

當你成為小貓咪的
「坐墊」時，

2

可開啟
「貓體手機支架功能」……

高度正合適。

3 而且功能強大、用法多樣。

* 功能和使用時間，因「貓咪心情」而異。

4

方法 2：

當家裏闖進可怕的蟲子時，

5

請充分利用小貓咪的
「動態物體捕捉功能」……

6

不過為了小貓咪的健康
抓抓就好，吃就……

＊其實蟲子是不錯的動物蛋白，只是……

7

方法 3：

當你玩手機無法停下來時，

8

大多數小貓咪自動開啟
「屏幕使用時間過長」提醒功能。

9

方法 4：

當女生生理期，
喝熱水無用時，
請盡情使用小貓咪的
「生物加熱及聲波舒緩功能」。

＊ 貓的體溫比人類略高，
而且據稱呼嚕聲可安撫情緒。

10

冬天總是手腳冰冷的鏟屎官，
也可使用小貓咪的
「加熱功能」。

11

方法 5：

當一個人安裝電腦線
分身乏術時，

12

如你引起小貓咪注意，
就可以得到——毛茸茸的
「電腦專業技術員」協助。

13

方法 6：

當你擔心鬧鐘壞掉上班遲到時，
請使用「小貓咪響鬧功能」，

14

絕對不會讓你失望。

15

方法 7：

如你正面臨「生命危險」，
如弄壞了好友新買的 iPad……
可開啟「小貓咪終極背鍋功能」。

16

畢竟小貓咪這麼可愛，
只能選擇原諒。
最後你還要主動承認錯誤，
並給背鍋貓發小魚乾補償，
以維護主僕關係。

17

方法 8：

當你心情低落、很沮喪、
覺得無法堅持時，

18

放下所有不開心，
盡情使用
「小貓咪超強治癒功能」。

09 十二生肖為甚麼沒有貓？

為甚麼十二生肖裏沒有貓？
我進行過深入研究，總結了以下幾種猜想！

1

猜想一：貓遲到了

在最早出現完整的十二生肖
文獻資料及出土文物中，
不管怎麼變動，都沒有貓的出現。

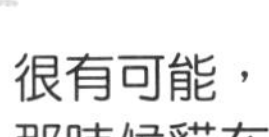

2

很有可能，
那時候貓在中國還不常見！
眾所周知，貓是外來物種。

3

直至唐朝，
貓才逐漸進入人們家庭。
在漢代的陶俑中，
甚至沒有出現貓。

4

猜想二：被西方影響

世界上，
最早關於動物紀年法
的是古巴比倫，
當時有貓的記載。
傳到古埃及時，
十二生肖也有貓。

5

傳到古希臘和古印度時，
就沒有貓了！
尤其是古希臘，
可能是他們把貓換成鼠！

6

如果中國十二生肖真的從
其他文明古國傳過來，
沒有貓就不意外了……

7

猜想三：貓被淘汰了

古人選擇十二生肖
會選這種動物活躍的對應時間。
如老鼠排第一，
認為子時是老鼠最活躍。

9

不管別人怎想，
在虎年我們宣佈：

8

貓咪最活躍的捕獵時間是
凌晨 3 時 - 5 時，
但貓科動物可不止小貓咪，
很可能被老虎替代了！
同是貓科動物，
大老虎看起來威猛多了。

10

畢竟，
鏟屎官肯定還是最偏愛小貓咪呀！

貓咪小知識

小貓咪可以吃哪些水果？

夏天到了，不少小貓咪都對水果「沾上嘴」，作為食肉動物，小貓咪除了未能感受水果的甜味，消化系統也無法正常消化水果。為了解饞，小貓咪可以吃一點點（大概是指甲般大）水果。

西瓜

炎炎夏日，西瓜不僅是鏟屎官的最愛，也是小貓咪的心頭好。小貓咪可以少吃補充水分，但西瓜籽、瓜皮對小貓咪有毒，吃了會引起腹瀉。

香蕉

香蕉對小貓咪無毒，並富含維他命（B_6、C）和鉀等，但小貓咪吃過多會腹瀉、嘔吐。

士多啤梨

富含維他命C、葉酸、鉀、錳以及抗氧化劑，但小貓咪不能大量食用。吃前記得清洗乾淨。

藍莓、蔓越莓等漿果

藍莓、蔓越莓、黑莓、覆盆子等漿果，對小貓咪都是安全，富含抗氧化劑、類黃酮和纖維，以及豐富的維他命（A、C、K、E）；盡量切碎給牠吃，防止整顆吞下引致窒息。

蘋果

富含鈣、維他命（C、K）和果膠，宜將果肉切片或切塊；但攝入過多會導致小貓咪消化不良。蘋果種子含氰化物，不要讓小貓咪誤食。

毛毛小提示

幾乎所有水果核，都不可讓小貓咪食用，特別是很容易誤食的蘋果核、西瓜籽及櫻桃核等，都是對小貓咪有毒的。

芒果

富含纖維、維他命（A、B_6、C）；但有些小貓咪對芒果過敏。餵食芒果時避免接觸小貓咪皮膚，多觀察有否過敏反應。

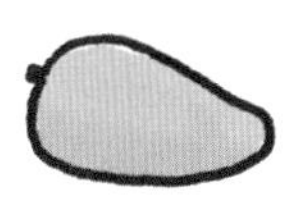

哈密瓜

哈密瓜是維他命 C、β - 胡蘿蔔素、纖維和抗氧化劑的良好來源，而且熱量相對較低。因哈密瓜的香味和肉類蛋白質類似，普遍受小貓咪喜愛；但避免小貓咪接觸種子和瓜皮。

毛毛小提示

如果小貓咪攝入少量可食用水果後，仍然消化不良，出現嘔吐、腹瀉等情況，說明小貓咪不宜吃水果，鏟屎官以後就不要提供了。

菠蘿

富含果糖、葉酸、維他命（A、B_6、C）和礦物質（鎂、鉀），但葉子、外皮對小貓咪有很大刺激。不要將整個菠蘿給牠玩，如小貓咪食用過量也會影響消化吸收，引起腹瀉。

榴槤

營養價值高，富含蛋白質、脂類、維他命、鈣、鐵、磷，其膳食纖維能促進腸蠕動。其氣味雖濃重，但總有小部分小貓咪樂於嘗試，鏟屎官一定要控制好分量。

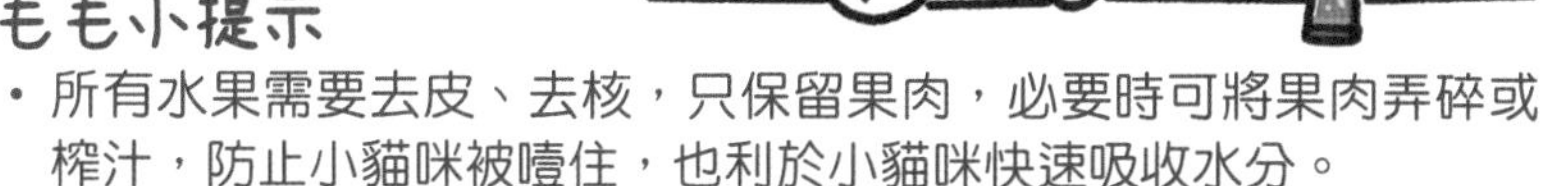

毛毛小提示

- 所有水果需要去皮、去核，只保留果肉，必要時可將果肉弄碎或榨汁，防止小貓咪被噎住，也利於小貓咪快速吸收水分。
- 不建議小貓咪空腹食用水果，容易導致消化不良等，建議進食後相隔 1-2 小時，才讓小貓咪食用少量水果。
- 最後強調所有水果對貓咪來說都沒必要，有些水果對小貓咪甚至有毒，所以餵吃水果必須謹慎，盡量收好水果，別讓貓咪自取，需牢記貓咪是食肉動物，水果少吃怡情，多吃傷身！

貓咪小知識

小貓咪打呼嚕的七大含義

小貓咪的呼嚕聲，是通過喉腔共鳴發出的聲響。會咆哮的「大貓」（如獅子、老虎）不會打呼嚕；會打呼嚕的「大貓」也不會咆哮，如獵豹。如貓科動物聲帶的小骨頭柔軟，可發出咆哮聲；但如骨頭比較硬，只能在呼氣和吸氣時產生空氣振動，發出呼嚕聲。現在介紹一下小貓咪打呼嚕的七個含義。

第1個：代表開心滿足

當小貓咪感到舒服、開心、放鬆及表達喜愛之情，會發出呼嚕聲，特別在吃飯和被主人溫柔撫摸的時候。這也是牠們打呼嚕的常見原因，是向鏟屎官表達強烈的滿足感！

第2個：吸引貓媽媽注意

小奶貓在出生一週甚至幾天時，會發出呼嚕聲，向貓媽媽表達「我在這裏，快來關顧我」之意。在吸吮乳汁時，小奶貓的呼嚕聲表示很開心。貓媽媽也會通過呼嚕聲來安撫小奶貓，表示一切安好，所以呼嚕聲是貓媽媽與小奶貓互相溝通的方式。這種習慣延續到牠們長大，當被撫摸、希望被主人關注時，小貓咪會發出呼嚕聲。

第3個：緩解緊張、焦慮、疼痛

當小貓咪害怕、受傷時會發出呼嚕聲，特別是病重住院時，通過打呼嚕來緩解緊張和痛苦，進行自我治療。
另一種情況是感到壓力過大、非常焦慮時，會通過打呼嚕來進行自我安撫、排解壓力。當小貓咪在充滿壓力情況下發出呼嚕聲時，主人應想辦法減少牠們的壓力，別視而不見。

第4個：促進傷口癒合

小貓咪打呼嚕除了表達滿足、開心，還有修復骨骼和肌肉的作用，稱為「呼嚕療法」。研究表明，小貓咪受傷後會通過打呼嚕來緩解疼痛感，通過振動來刺激自身的神經元，促使腺體分泌減輕疼痛的激素。

第5個：示弱、討好及求吃

呼嚕聲另一個常見含義是——能給我這個嗎？這種聲音通常表示對人類示弱、討好及請求，例如求摸摸、求抱抱，更多的是求開飯！這在流浪貓身上尤其明顯，大大的眼睛配合臉頰磨磨貼貼，人類是抵受不住的。

第6個：呼吸道問題

小貓咪的呼嚕聲大小各有不同，只要沒有伴隨呼吸不暢則屬正常。有時候打呼嚕，可能真是因為呼吸道出了問題，就像人類打鼾一樣。小貓咪打呼嚕時，如伴隨音調變化、咳嗽、打噴嚏、鼻涕、食慾下降等，要多加觀察，及時就醫。

扁臉短鼻的貓品種，如異國短毛貓（Exotic Shorthair）及金吉拉貓（Chinchilla Cat），先天構造導致較多呼吸道問題，鏟屎官要細心觀察。

第7個：治癒人類

有科學研究證明，小貓咪的呼嚕聲不僅能自癒自己，還能治療人類。小貓咪的呼嚕聲頻率在 20-140Hz，在人類治療中，骨骼對振動的響應頻率在 25-50Hz；皮膚和軟組織對振動的響應頻率在 100Hz 左右，確實在小貓咪呼嚕聲頻率的範圍內。

除此之外，小貓咪的呼嚕聲對緩解人類呼吸困難症有效果，對肌肉、肌腱和韌帶的損傷也有治療作用，甚至能降低心臟病和中風的發病率。神奇的呼嚕聲讓鏟屎官快樂又平靜，這也是小貓咪的一種神秘手段！

小貓咪的呼嚕聲各不相同，也有些小貓咪一生都不打呼嚕，這不意味着小貓咪沒有感情或不愛鏟屎官，只是每隻小貓咪的表達方式不同罷！

Chapter 2

養了貓才知道的冷知識

01 小貓咪是社交高手

一般認為小貓咪不擅長社交，甚至大部分小貓咪有「社交恐懼症」（簡稱「社恐」）的傾向。其實，有些小貓咪是社交高手，快來看看你的小貓咪是「社恐」還是「社交高手」。

1

場景 1：
家裏來了陌生人

「社恐」小貓咪給你表演原地消失。

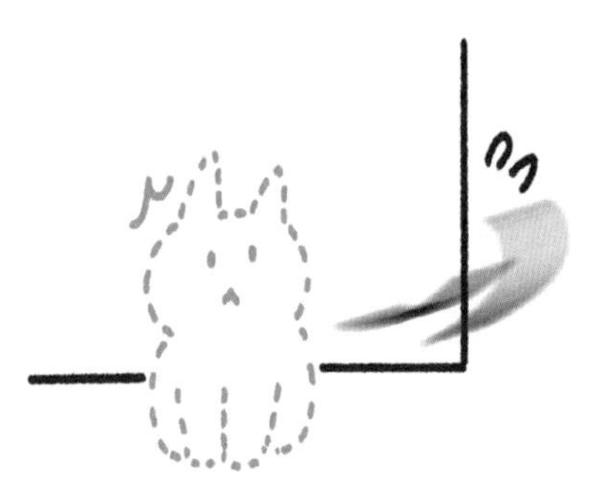

2

「社交高手」
小貓咪會迎接客人。

3

場景 2：
陌生人在家待了兩小時

「社恐」小貓咪會想：
「別找我，我家沒有貓……」

4

「社交高手」
小貓咪會給你全套按摩服務。

5

場景3：
家裏來了別的貓

「社恐」小貓咪：
「你不要過來！我想靜靜……」

6

「社交高手」小貓咪：
「我家東西隨便玩，喵！」

7

場景4：
到別的小貓咪家裏玩

「社恐」小貓咪：
「媽！我要回家！」

8

「社交高手」小貓咪：
「先借個廁所，一會跟你玩。」

9

場景 5：到醫院去

「社恐」小貓咪：
「我是誰？我在哪兒？」

10

「社交高手」小貓咪：
「護士姐姐，你喜歡小貓咪嗎？」

11

你家小貓咪屬於哪類型呢？

12

究竟哪裏找到「社交高手」小貓咪？

第一：遺傳

爸媽是「社交高手」的話，
小貓咪成為「社交高手」的概率也會大很多！

13

有科學家實驗發現，
貓爸爸對小貓咪的性格
影響更大。

14

某些品種的貓，
在性格上進行了培育。
有些品種的貓性格上真的很像狗。

15

第二：成長期教育

小貓咪在出生後 2-9 週，
是教育的重要時期，
愈往後愈難教。

16

在這個時期，
要盡量跟小貓咪做以下事情。

親密地撫摸

讓牠習慣接受人類肢體接觸和撫摸，
起初可以幾秒，時間逐漸增加，
最長不要超過 15 分鐘 。

17

正確地玩耍

每天 2-3 次，每次至少 10 分鐘。
不要以手和腳逗牠，
以免養成壞習慣。

18

正向鼓勵

小貓咪做了正確的事，要多鼓勵。
如犯錯不要大聲呵斥，
要建立正向反射。

19

多認識人類或貓咪朋友

小貓咪做了正確的事，要多鼓勵。
如犯錯不要大聲呵斥，
要建立正向反射。

20

如果一切順利，
你就可以得到一隻「社交高手」小貓咪！

21

這不意味「社交高手」小貓咪
比「社恐」小貓咪更優秀。
良好的社會教育對小貓咪更重要，
遇到陌生人和環境時能從容應對，
不容易產生壓力和應激反應，
避免帶來諸多健康問題。

最後提醒大家，
有些小貓咪可能不是「社交高手」，
但牠們同樣可愛，
而且需要更多的關愛和保護！

02

小貓咪知道自己是貓嗎？

當我們看到小貓咪以下的行為，
你不禁會問……

1 在平日……

真的知道自己是貓嗎？
牠們肯定對「貓」這個定義完全沒有認知。

2

動物行為學家認為，
出生後 2-7 週是
小貓咪非常重要的社會化時期，
建立小貓咪應有的社會規範和認知。
小貓咪一般與貓媽媽及
兄弟姐妹相處時學會做貓。

3

如果這時期接觸其他物種，
除了保持自己的本能，
小貓咪也會模仿其他物種的行為，
甚至認為自己是其中一員。

4

如果小貓咪從小接觸的物種較多，
長大後會更加包容。

5

如果你家小貓咪從小
沒跟其他小貓咪接觸，
牠可能真的不知道……
自己是一隻貓。

6

紐約奧爾巴尼大學心理學家
曾進行「鏡子測試」，
證明小貓咪無法認出鏡中自己，
從而沒有自我認知。

7

有些人並不同意這個結論，
畢竟，貓的視力不好，
對認知對象的判別同時
依賴嗅覺

8

總的來說，
小貓咪在自我認知方面，
成績確實不合格。

9

普遍認為，小貓咪覺得人類是
和牠們差不多的物種，
只是體型稍微大一點。

10

毛少一點……
有時行為古怪一點。

11
哎呀！
喵。
而且有點笨！
12
人類大多數沒惡意，
只是地位比自己
低很多的——
兩腳「僕人」。
13
自己則是宇宙最可愛的生物。
14
人類只知道，
自己是「真貓奴」！

03 小貓咪沒有你想像般厲害

在「貓奴」的世界中，
小貓咪都是厲害的。

4

如果置於危險敵人面前，
結果很可能是……
一口一個。
所以，別將牠放於
很多動物的複雜環境中！
野外探險露營活動，
也不適合小貓咪。

5

有些人覺得小貓咪很聰明。

6

其實，牠不會挑魚骨，
很可能會被魚骨卡着，
導致消化道受損，甚至死亡。
所以不能給小貓咪吃有刺和
骨頭的魚和肉。

7

曾聽說小貓咪不幸被關起來，
一個月不吃卻堅強存活。
實際上，
小貓咪 3 天不吃或少吃，
有可能患上脂肪肝
（＊脂肪肝多伴有黃疸）。
必須保障小貓咪吃喝正常，
不要節食減肥啊！

8

你可能知道小貓咪攀爬能力很強。
卻因其骨骼構造特點，
上去容易下來難，
對經驗不足的小貓咪就更難上加難。

＊貓爪和腕骨的構造方便向上攀爬，向下時卻無法固定，故大多數小貓咪選擇倒退或跳下。由於距離和方向不好判斷，小貓咪下來時非常笨拙。

9

小貓咪從高處躍下毫髮無傷
更是無稽之談。
雖然小貓咪有翻正反射能力，
但保護力有限。
別放任小貓咪爬樹，
更要注意關好窗！

10

你還聽說
小貓咪的夜視力很強嗎？

11

也要有微弱光源，
牠們的眼睛才能看見。
出門前開盞小燈，
但行動能力還是受限制。
老年貓視力退化，
更要注意這個問題。

12

你還以為小貓咪
獨立、自信又冷靜嗎？
其實很多小貓咪
稍微被嚇一下就會生病。
就連和你分開太久，
也會出現行為問題（如分離焦慮）。

13

經歷了千萬年進化，
小貓咪雖然聰明、大膽、美麗、矯健，
但仍有很多脆弱面。

14

別再覺得小貓咪很厲害
而忽視牠們脆弱的一面，
一定要好好保護牠們！
對牠們來說，
你比想像中更重要！

04

抱貓靠近牆，能測試智商嗎？

最近網上有個瘋傳的測試，
據說能馬上測出小貓咪的智商。

1

這樣抱起小貓咪，
找一道牆，
把小貓咪慢慢正面靠上去。

2

如小貓咪用腳撐着牆，
不讓身體碰到牆，
表示小貓咪是高材生！

3

如果小貓咪一頭一口碰上牆，
放棄反抗，
證明這貓智商低！

4

最近有專家指出，
小貓咪用貓爪扶牆的動作
只是出於身體反射，
和智商無關。

5

很多看似傻傻地
用頭碰上牆的小貓咪，
其實是對鏟屎官的信任。

6

由於每隻小貓咪的性格不同，
有些本來的警惕性比較高，
但不代表就不信任鏟屎官。

7

總之，碰牆測試小貓咪的智商，
純屬娛樂，沒有參考價值。

8

網上有另一個測試遊戲——
10 秒襪子套頭測試。
做法：把尺寸合適的襪子（洗過）
套在小貓咪頭上，並在旁觀察，

9

10 秒內，
小貓咪將襪子甩掉或摘掉的——
智商王者

10

沒摘下來還倒着走的——
智商過低

11

沒反應、保持靜止畫面的——
智商負數

12

基本上，這個測試跟智商無關，
只是測試小貓咪的反應能力和性格，
而且測試不當容易引起危險
（膽小的小貓咪不建議使用）。

13

另一項，抱貓蹬腿測試。
做法：把小貓咪抱起來靜靜等一會。
懂得把腳抬起來掙扎脫身的——
高智商

14

全身放鬆沒反應的——
智商負數

15

這測試跟智商無關，
或能測試小貓咪的忍耐能力。
大多數小貓咪都不喜歡被抱起，
而且這種抱貓姿勢完全是錯。

16

測智商可能無效，
但測體重卻……效果不錯。

17

這些測試貓咪智商的方法
大多效果有限，
而且「貓奴」妄圖了解
小貓咪智商，
本身就不切實際！

05 為甚麼小貓咪盯着空氣一動不動？

小貓咪有些舉動，或許會令你摸不着頭腦。
就讓我們試試解釋一下吧！

1 在剛看過恐怖片的晚上，
我只想好好抱緊小貓咪。

2 結果，
小貓咪卻對着牆盯住不放。
我也順着看過去，
卻發現……

3 有主人表示，
小貓咪盯着門縫
向外看了 3 天，

4 門外卻……

5

有的主人投訴，
小貓咪玩了半個小時 ，

6

和牠一起玩的卻……

7

自古以來，
世界各地有類似故事。
而且神話故事裏，
小貓咪有陰陽眼，還能穿梭兩界。
小貓咪真的能看到
我們看不到的東西嗎？

8

小貓咪能看到我們看不到的
紫外線。
除了小貓咪，很多動物
（狗、蜜蜂）都能看到。

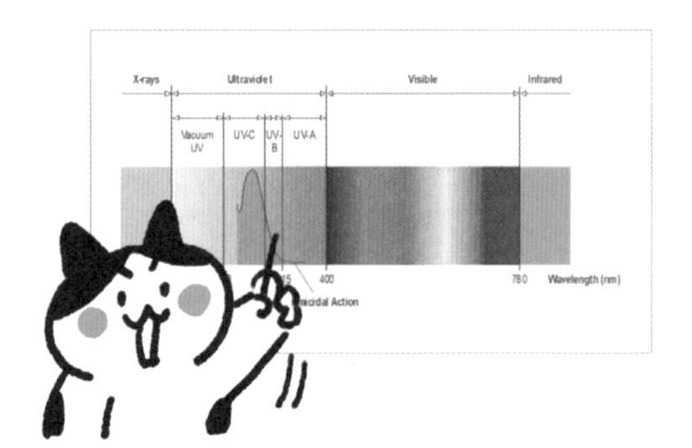

9

讓牠們更容易
追蹤獵物的尿漬，
或更清楚
看到獵物的輪廓。

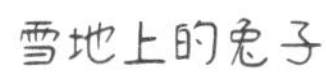

10

小貓咪的夜視能力也比人類強得多。
瞳孔可以擴大到人類的 3 倍，
能最大限度地捕捉光線。

11

視網膜下還覆蓋着反光色素層
（Tapetum），
在黑暗環境中提高 40% 敏感度。
＊反光色素層將捕捉的光線
再次反射進眼球，
以獲取更多光線訊息。

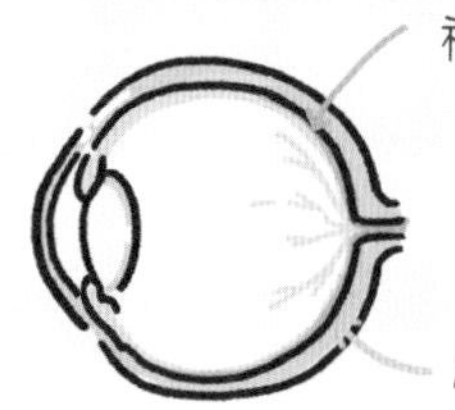

12

這也是小貓咪在夜晚
變成「激光眼」的原因。

13

當你看到黑漆漆一團，
對小貓咪來說卻有很多隱藏訊息。

人類看到的黑暗

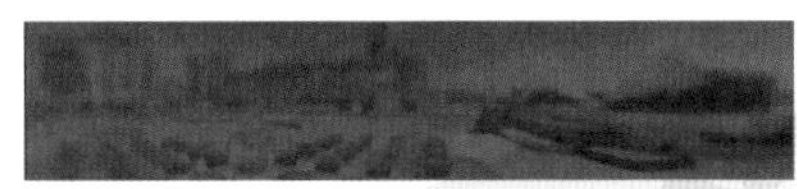

小貓咪看到的黑暗

14

小貓咪可聽到
45~64000Hz 頻率的聲音，
是人類聽力範圍的 3 倍，
能聽到 20 米外老鼠吱吱聲，
甚至微弱的電流聲。
所以，牠可能不是盯着牆看，
而是聽到牆後的小秘密。

15

小貓咪對世界的理解也和我們
完全不同。
玻璃的反光，
或陽光中的灰塵，
能讓小貓咪駐足凝望很久。

16

作為人類，
我們永遠無法看到
小貓咪看到的世界到底有多美。

06

小貓咪真的會哭嗎？

最近和朋友爭論一個問題——
小貓咪會傷心、難過、哭泣嗎？
大多數朋友認為會！

1 剛把流浪貓帶回家吃罐頭時，
吃着吃着，就感動地哭了。

2 你以為小貓咪哭泣的場景，
其實真的不存在！

3 小貓咪確實會流眼淚，
但那種情緒性的「哭」
可能是人類獨有的。
開心會哭，憤怒會哭，
哀傷會哭，恐懼會哭。

4

小貓咪流眼淚，
通常是生理性或病理性原因。
對小貓咪來說，
這是一種健康預警，
也是眼睛本能的自我保護機制。

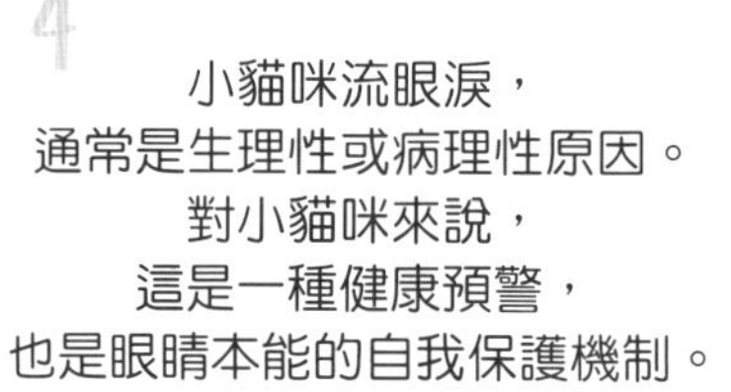

5

如邊吃飯邊「感動得哭」，
其實是鼻淚管短或堵塞造成。

6

例如小貓咪眼睛剛好不舒服……
也可能是生理波動
剛好給身體帶來刺激，
導致淚腺分泌液體。

7

如果小貓咪真的會哭，
反而是一件好事啊！
因為哭是一種發洩，
也是一種排解壓力、
自我療傷的方式。

8

而大多數時候，
小貓咪傷心起來都太安靜。
有些小貓咪默默「傷心」時，
只會獨自沉鬱，茶飯不思，
甚至生病……

9

如其說小貓咪因悲傷難過而哭泣，
倒不如好好愛護小貓咪，
別讓牠獨自難過。

07 十款不同的貓尾巴

尾巴，是小貓咪身體的重要組成部分。

1 貓尾巴不但讓小貓咪
保持平衡、行動自如，
還能傳達訊息。

2 貓尾巴有着各式各樣的形式，
毛毛為你介紹 10 款可愛
又奇怪的貓尾巴。

3 **尾巴 1 號：**
平平無奇標準尾

由 20 塊椎骨和靈活的肌肉組成，
長度 25-30 厘米，
一般跟小貓咪身體的長度相若。

4 一般身材短胖的小貓咪，
尾巴也相對較短，
例如英國短毛貓或異國短毛貓。

5

尾巴 2 號：優雅細長尾

擁有纖細東方體型的小貓咪，
也有纖細的尾巴，
如東方短毛貓、東方體型暹羅貓等。

6

尾巴 3 號：蓬鬆棉花糖尾

長毛貓中被毛濃密的小貓咪，
擁有像棉花糖一樣
蓬鬆柔軟的大尾巴，
如渾身毛茸茸的波斯貓。

7

尾巴 4 號：高貴羽毛尾

從尾根到尾尖逐漸散開，
如羽毛般輕盈。
一般中長毛貓，
如土耳其安哥拉貓、中華田園貓
都擁有這款尾巴。

8

尾巴 5 號：妖艷狐狸尾

尾巴根部很粗壯，
向尾尖卻越來越細，
像狐狸或浣熊的尾巴，
索馬里貓長有這款尾巴。

9

尾巴 6 號：小波浪羊毛捲尾

毛髮呈捲曲狀，
像做了燙髮的效果。
較少見的長毛捲毛貓擁有這種尾巴，
如拉波捲毛貓。

10

題外話，世界上最長的貓尾巴，
屬美國底特律緬因貓 Cygnus。
牠的尾巴長 44.66 厘米，
是保持最長尾巴記錄的小貓咪啊！

11

尾巴 7 號：個性半條尾

有些小貓咪的尾巴天生
只有其他貓尾巴的一半長，
如美國截尾貓、北美短尾貓、
中國麒麟貓等。

12

尾巴 8 號：球狀兔子尾

像兔子尾巴又短又捲曲，
尤如毛茸茸的小球。
最典型的是日本短尾貓，
尾巴只有 8-10 厘米長。
據說招財貓的原型就是日本短尾貓。

13

尾巴 9 號：沒有尾巴

有些小貓咪的尾巴直接消失了，
只剩光禿禿的臀部，
例如曼島貓（可能伴有曼島貓症候群）。

14

沒有尾巴的小貓咪
能控制身體平衡嗎？

15

無論是先天短尾貓
或後天斷尾的小貓咪，
在行動上幾乎和正常貓一樣。

專家猜測，
可能小貓咪自動調整前庭系統，
以身體其他部位彌補尾巴缺失。
如無尾巴的曼島貓，
其四肢比其他小貓咪更長……

16 尾巴 10 號：僵直閃電尾

貓尾巴出現僵直或變形，
可能有關節病變，
特別有摺耳基因的小貓咪，
若伴隨其他關節和四肢變形和疼痛，
需要馬上治療！

17

你家小貓咪的尾巴是哪種呢？
希望每條尾巴都能夠健健康康！

08 小貓咪的記性好嗎？

總聽人說貓的記憶只有 21 天！
這讓人有點生氣，
好像顯得小貓咪不怎麼聰明。

1 小貓咪的記憶分為
短期記憶和長期記憶。
如再細分一下，
還可分為工作記憶、
感官記憶、聯想記憶、
視覺記憶、隱性記憶……

2 先說簡單點，從幾秒到 24 小時之間的記憶，
可以稱為短期記憶。
觸發小貓咪短期記憶也很簡單——
與牠們生活有關的一切！

3

前提是，
這些事得給牠留下深刻印象及互動。
例如你從窗邊走過，
雖然你的古怪讓小貓咪
心驚膽戰，
但由於你沒有和牠產生任何互動，
10 秒過去後，
小貓咪可能徹底忘記你。

4

只要與小貓咪產生互動，
無論是正面還是負面，
小貓咪會記住最少 10 小時！

5

當然，
負面記憶可能持續更久。

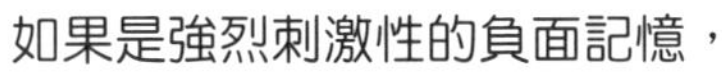

6

如果是強烈刺激性的負面記憶，
小貓咪可能記得更久，
甚至產生聯想記憶。

真棒，一次就能認住
貓砂盆的位置！

7

由於小貓咪的短期記憶很優秀，
在生活中會顯得遊刃有餘，
尤其在吃和拉方面。

8

某些隱藏在基因的隱性記憶，
只要做過一次會轉化成
長期記憶。

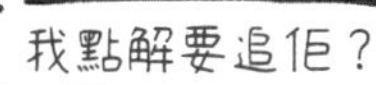

9

長期記憶能有多久？
小貓咪能記住鏟屎官一輩子嗎？
可以的！
但你必須跟牠有長期穩定的互動。

10 你只餵牠一次，摸牠一回，
牠可能記住你一天。
如你每天給牠吃、陪牠玩、摸牠、愛牠，
小貓咪就會牢牢記住你。

11 有些小貓咪年紀大了，
可能因為疾病，
甚至認知功能障礙而影響記憶。
但長期跟你一起，
還是讓牠想起你一點點味道。

12 有一種情況比較麻煩，
當你離開好幾個月後回來時，
小貓咪也許不記得你，

我回來了

13 但要想起你，
可能要花點時間。

09 在小貓咪眼內，甚麼樣的貓長得好看？

在人類眼中漂亮的小貓咪，
在小貓咪眼中也漂亮嗎？
人類和小貓咪似乎有某些審美偏差。

1 在人類眼中的小貓咪「美女」
大多長得這樣——

2 貓眼中的小貓咪「美女」
可能是——

3 人類眼中的小貓咪「帥哥」
可能是——

4 貓眼中的「帥哥」
可能是——

5 小貓咪的審美為甚麼與人類不同？
小貓咪並不在意別的貓長甚麼樣，

6 如果以繁衍為目的，
需對外表選擇時，
能證明基因優質的外貌特徵，
才是小貓咪看重的。

7

體型適中、貓毛乾淨順滑的小公貓
更容易脫單。
＊證明小貓咪身體健康、食物充足，
且有足夠時間和能力打理貓毛。

8

如還擁有結實的身體和雄壯的雙下巴，
可能成為更多小母貓的選擇，
所以，「大叔」貓可能比「小鮮肉」貓
更受小母貓歡迎。
＊這些特徵是雄性荷爾蒙旺盛的表現，
據說雙下巴有利於公貓打架時
保護重要的身體部位。

9

據說玳瑁和三花小母貓
因為毛色豐富更受公貓歡迎。
＊因母貓的毛色基因在X染色體上，
超過三種毛色的小貓咪是
母貓的概率更大。

女神

10

相對於外表，
貓傾向依靠氣味，
特別靠訊息素（外激素）挑選異性。
小貓咪摩擦腺體或排尿釋放訊息素，
記錄着小貓咪豐富的身份訊息。

11

這也是小貓咪發情時，
盡可能多留下尿液的原因
（公貓將尿液灑得高，
以示自己身材高大）。

12

小貓咪如想多獲取訊息素，
需運用位於口腔內上顎的
犁鼻器來解讀。

13

除了繁育需求，
小貓咪在挑選朋友也有自己獨特的喜好。
有的不咬弦、有的很受歡迎。

喵喵喵喵！
不要總打架
毛啦嗚啦呱嗷！

14

小貓咪選朋友，
需要綜合性格、社會化程度、
初見的印象和資源
是否充裕等元素。

15

一般來說，社會化良好、
懂得貓禮儀的小貓咪，
更受其他小貓咪歡迎，
小貓咪也有自己的審美標準。

＊貓食器太近容易引發小貓咪衝突。

小貓咪
為何這麼能睡？

長假期完了，
開始上班的李小孩兒
最近非常看不慣毛毛……

1

小貓咪為甚麼這麼能睡？
牠們每天不幹正經事嗎？
其實食肉的貓科動物睡眠時間很長，
通常是 12-16 小時。
＊老虎每日平均睡 15.8 小時；
獵豹每日平均睡 12 小時。

2

小奶貓、老年貓、病貓等等，
睡眠時間更長達 20 小時。

3 睡眠長其實是好事，
因為貓科動物是很優秀的「獵人」，
屬爆發型捕獵選手，
往往速戰速決。

4 同時，熱量消耗也很快，
進食後，需要休息進入
下一輪能量儲存。

5 為了避免能量消耗，
最好的方法當然是——睡覺。

6 相比之下，
草食動物從植物攝取的能量很少，
需要長時間咀嚼＞進食＞消化，
每天大多數時間都吃東西，
睡眠時間反而很少
（馬每天平均睡 2.9 小時），
所以，貓能睡說明有效率。

7

家貓不捕獵，
為何這麼能睡？
而且睡眠時間更長？
這是因為基因記憶，習慣長時間睡眠。

8

小貓咪不用捕獵，
每頓都吃得飽飽，
更有助睡眠。
而且家裏的溫度和光照，
比戶外更適合睡覺。
＊最佳睡眠環境：22℃ -25℃，避光。

9

太冷、太熱或陽光太強，
都未能讓小貓咪深度睡眠。

10

還有一個很重要的原因——
太無聊了！

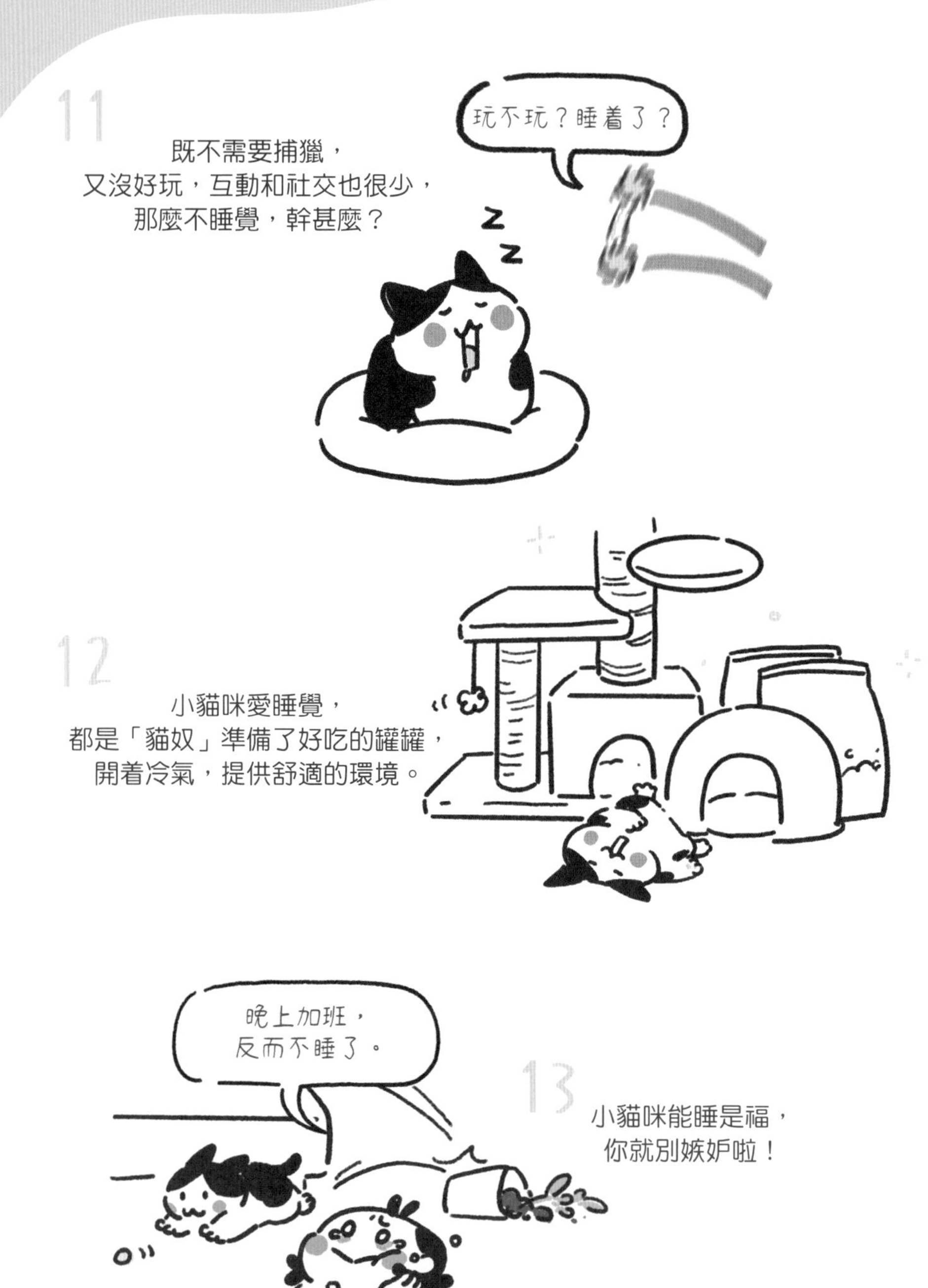
11
既不需要捕獵，
又沒好玩，互動和社交也很少，
那麼不睡覺，幹甚麼？
玩不玩？睡着了？
12
小貓咪愛睡覺，
都是「貓奴」準備了好吃的罐罐，
開着冷氣，提供舒適的環境。
晚上加班，
反而不睡了。
13
小貓咪能睡是福，
你就別嫉妒啦！

11 小貓咪身上八個神秘部位

我發現貓咪身上隱藏了
8 個神秘部位……

1

神秘部位 1：
吸奶時，耳朵動起來

這是小奶貓用奶樽喝奶時，
附帶讓人萌翻的動作。

2

這只在小奶貓用奶樽喝奶時才出現，
過了奶貓期，此現象會慢慢消失。

解釋：
這可能因小奶貓面部和耳朵連接的肌肉沒發育完全，吸吮人工奶嘴時正好激發動耳朵的行為。隨着肌肉發育完成，此行為會慢慢消失。

3

神秘部位 2：
命運的後頸肉

只要被捏住後頸，
小貓咪會蜷縮身體，
保持安靜不動。

4

有外國醫生發現，
用夾子夾在小貓咪後頸也有相同效果，
稱為 Clipnosis（夾子催眠效應），
是一種「行為抑制」現象，
主要利於貓媽媽移動小奶貓。
小貓咪後頸一旦被叼住，
會縮緊身體盡量保持不動，
防止在途中掉下來，
這反應會保留至小貓咪成年。

注意：
後頸肉功能是為小奶貓準備，成年貓後頸肌肉承受不了其體重，被掐住後頸吊着，牠們會很不舒服，尤其體重超標的小貓咪。

5

神秘部位３：
貓爪開花

輕輕按揉小貓咪的爪墊貼近趾根部位
（爪趾根部），
貓爪會開花給你看哦！

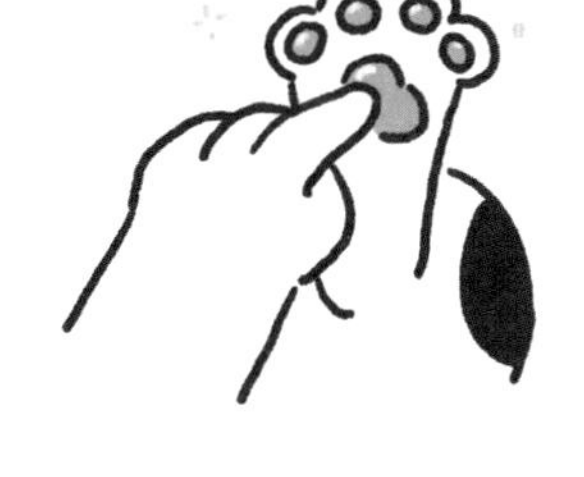

6

據猜測，
這是方便小貓咪舔腳毛
作日常清潔。

解釋：
小貓咪清潔爪墊時，為了徹底清潔爪趾部位的毛髮，
而出現的簡單神經反射。

7

鑑於爪子是小貓咪的敏感地帶，
要謹慎處理啊！

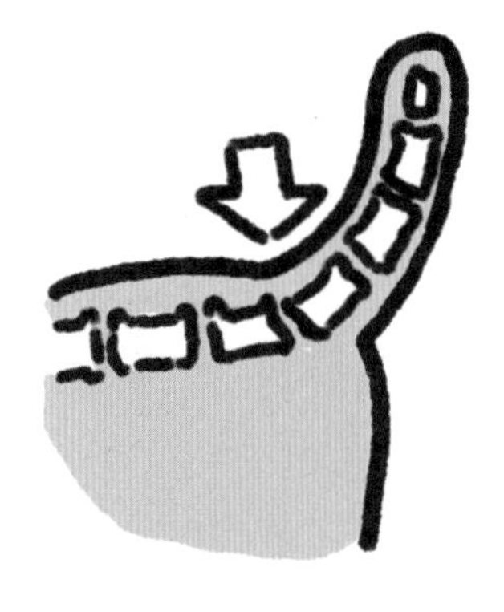

8

神秘部位 4：貓臀震動

戳小貓咪背部貼近尾巴根部的位置，
臀部會不由自主地顫動……

9

這由於小貓咪尾根部位神經非常敏感，
即使被輕輕戳一下，
瞬時能帶來較強烈的神經反應。

10

有些小貓咪
甚至喜歡被拍屁股！

注意：
並不是每隻小貓咪都喜歡被摸屁股，
即使喜歡拍屁股也不能大力拍打，
否則容易造成尾部神經受傷。

11

神秘部位 5：
不由自主地張開嘴巴

小貓咪一旦被某些氣味觸發，
瞬間會張大嘴巴，
這種表情實際上是一種生理反應，
稱為「犁鼻反應」，犁鼻器位於鼻中
隔底部的軟骨結構。

12

當小貓咪接觸到環境中強烈的訊息素（外激素），
會不由自主地張開嘴巴，
讓氣味分子更多、更迅速地進入犁鼻器，
以分析訊息素攜帶的訊息，
尤其小公貓聞到小母貓的氣味時。

13

神秘部位 6：
摸摸額頭

據說用牙刷輕掃小貓咪額頭，
牠就會想起媽媽。
事實上只是小貓咪覺得很舒服！

14

建議大家可經常輕按小貓咪面部，
讓牠們感覺放鬆，增進感情。
不過要注意按摩的手法啊！

15

神秘部位 7：
撩貓

當伸出手指，小貓咪一旦看到，
就會忍不住走過來。

16

這主要利用小貓咪的好奇心理，
當牠看到突出物體時，
小貓咪會聞聞氣味並蹭蹭留下標記，
和小貓咪之間打招呼的方式很相似。

17

神秘部位 8：
超強貓咪召喚術

只要開個罐罐（最好是頂級的），
或晃晃食物袋（最好是凍乾零食），
小貓咪就會馬上出現，
出現速度取決於食物的吸引力。

貓咪小知識

小貓咪為何總是突然瘋跑？

第1種：釋放多餘能量

當小貓咪精力旺盛、過於興奮時，會通過突然瘋跑來釋放多餘的能量。瘋跑多見於小貓咪長時間睡眠或進食後，尤其白天睡一整天，晚上到鏟屎官休息時就開始活躍。

研究發現，經常狂奔的小貓咪體內的糖皮質激素較少，代表心情舒暢、感到幸福滿足，鏟屎官睡前多陪小貓咪玩耍，讓牠們釋放精力吧！

*如小貓咪吃了過多貓薄荷（Catnip，一種常見的草本植物），有時也會出現興奮狂奔的情況。

第2種：逃避「潛在捕食者」

受到外界刺激和驚嚇，感到恐懼和害怕，從而逃命。小貓咪上完廁所後，也會出現狂奔行為，被大眾廣泛接受的理論是：將大便深藏進貓砂中並發瘋逃跑，是為了隱藏氣味，躲避捕食者的埋伏追蹤，這是小貓咪的本能。

第3種：甩掉沾染的異味

有一種比較冷門的說法 —— 如果跑得快，臭味就追不上我！小貓咪通過四處狂奔來驅散排便時身上沾染的異味。小貓咪愛乾淨，常清潔，也是對異味非常在意的緣故。

第4種：壓力和焦慮的表現

如小貓咪情緒有變化，並伴有頻繁地瘋跑，需考慮小貓咪是否壓力過大。除此之外，小貓咪還會出現食慾不振、嗜睡、過度舔舐等問題，鏟屎官要多加注意，及時照料小貓咪調整到正常狀態。

第5種：皮膚及神經高度敏感

極少數小貓咪有皮膚神經觸感敏感的問題，患有這種疾病的小貓咪觸覺高度敏感，正常的撫摸和觸碰會讓牠們感到不適，出現四處亂跑的情況，甚至有些小貓咪一直追咬自己的尾巴。

第6種：
認知功能障礙

患病的老年貓會出現方向感迷失、對着牆壁發呆、毫無目的亂逛等症狀，也會有突然到處亂竄的情況。

第7種：
視覺及聽覺退化

這是老年貓易患的疾病。當視覺、聽覺開始退化時，突然改變的聲音和環境，會導致部分小貓咪受驚嚇而到處亂跑躲藏。遇到這種情況，鏟屎官要盡快給小貓咪提供安全穩定的生活環境，使其慢慢適應。

第8種：
潛在的疾病

甲狀腺激素分泌過多引起甲狀腺功能亢進，會導致小貓咪瘋跑；跳蚤、蜱蟲等體外寄生蟲叮咬，也會讓小貓咪因不適狂奔；皮膚過敏引起的瘙癢，也讓小貓咪奔跑磨蹭，以擺脫不適感。

小貓咪出現狂奔時該怎麼辦？

當小貓咪狂奔時，鏟屎官切記不要大聲訓斥甚至追打小貓咪，牠們既聽不懂也很有可能受到驚嚇而誤傷人類，繼續躲藏奔跑，造成惡性循環。
鏟屎官能做的是默默收好易碎品，以及小貓咪奔跑道路上的障礙物，讓牠們釋放精力。如果牠們躲藏起來，也不要去打擾，待小貓咪情緒穩定後再慢慢安撫。

貓咪小知識

這些花對小貓咪有害！別買！

不少鏟屎官以美麗的花朵表達愛意，放在家中也份外賞心悅目。毛毛要嚴肅地提醒大家：很多常見花卉其實對小貓咪有毒！有些還是劇毒！帶回家前要做好功課，認真篩選。

百合

不管是白百合還是紅百合，都對小貓咪有劇毒！全株所有部位，包括花粉甚至花瓶容器內泡過的水，都讓小貓咪嘔吐、沉鬱、昏睡及厭食，短時間內導致小貓咪不可逆的腎衰竭。日常要嚴格禁止小貓咪接觸，毛毛建議不要種植也不要購買百合。

馬蹄蘭

作為馬蹄蓮的大本營，天南星科有眾多大名鼎鼎的小貓咪殺手，例如：海芋、龜背竹、滴水觀音等常見綠色植物。它們富含不溶性草酸鈣，小貓咪誤食後會產生嚴重的燒灼感，口腔受到刺激及流涎，導致呼吸困難、腎衰竭、中樞神經系統症狀。

大麗菊

雖不像百合、馬蹄蓮的影響性那麼猛烈，但小貓咪接觸或誤食後，也會出現過敏性皮炎和嘔吐、腹瀉等腸胃症狀。

雛菊、洋甘菊等

菊科在花卉市場很常見，也是導致小貓咪中毒的常見植物。雛菊含有倍半帖烯、內酯及除蟲菊酯等成分，小貓咪啃食或接觸後會患過敏性皮炎、嘔吐、腹瀉、神經系統受損等。富含甲磺胺、花酸及單寧酸等揮發油成分的洋甘菊，也會導致小貓咪出現類似的臨床症狀。

康乃馨

是日常最常見的花卉之一，小貓咪誤食後會出現嘔吐、腹瀉等腸胃症狀。如想在家欣賞，建議放在小貓咪接觸不到的地方。

薰衣草

無論是乾花或香草，薰衣草富含亞麻酚、乙酸芳樟酯等成分，對小貓咪身體有不良影響。在日常生活中，避免讓小貓咪接觸大部分植物精油。

牡丹、芍藥、鐵線蓮

這些花朵雖然美麗，但其新鮮的枝葉對小貓咪是劇毒。小貓咪誤食後會刺激黏膜，出現嘔吐、腹瀉，並有可能引起強烈的肌肉反應。

繡球花

全株對小貓咪有毒，導致小貓咪腹痛、腹瀉、便血、嘔吐及呼吸急促等。
雖然繡球花清新美麗，但看看就好！另可選擇「高仿花」，不少做到以假亂真呢！

梔子花

香味清新撲鼻，大多作為盆栽種植。不過正是這種香味的主要成分 — 梔子苷，會導致小貓咪長蕁麻疹、腹瀉或嘔吐。如在室內種植，必須放在小貓咪接觸不到的地方。

除了以上常見的花卉，李屬、紫衫屬、茄科（如車厘茄）、天南星科、毛莨科的植物都會讓小貓咪中毒。購買前可諮詢店家以排除這些植物，也可查詢美國防止虐待動物協會（ASPCA），對動物有毒和無毒植物網站（https://www.aspca.org/pet-care/animal-poison-control/toxic-and-non-toxic-plants）。

相對安全的花卉

如確實想買花，毛毛推薦玫瑰、向日葵、滿天星這幾種相對安全的花卉。雖然對小貓咪無毒，但也不能讓牠們隨便啃食，畢竟大量誤食會導致嘔吐、腹瀉，甚至腸胃梗塞。

Chapter 3

養了貓才知道鏟屎官的「快樂」

01 養貓人為甚麼很難打掃？

養貓之後，你有沒有發現，
大掃除似乎變得異常艱難！

1

倒不是因為不願打掃，
而是……
本來只花 5 分鐘完成，
卻因小貓咪，
成功拖延半小時以上。

2

甚至成為災難現場。

3

重新鋪床單時，
更是不想幹了。

4

更要放棄傳統的雞毛掃。

5

掃地機器人也慘遭「毒手」。
總之，打掃工作在小貓咪眼裏，
似乎就是玩遊戲！

6

而問題更大的，
是無處安置小貓咪。

7

如你把牠請出房間……
有些小貓咪喜歡趁着你忙的時候
賣萌。

8

更嚴重的，
小貓咪讓打掃變得很危險！
例如使用吸塵機時，
應由遠到近靠近小貓咪，
並最好將小貓咪臨時隔離在房間內。

9

清潔用品甚至成了危險物品。

10

最可怕是，
有些小貓咪口味還很特殊。
如水裏混有含氯消毒液，
味道會更吸引小貓咪。

11

養貓人做大掃除，
真是太難了！

12

對人來說，
打掃清潔是好事；
但對小貓咪，
讓牠熟悉的家庭佈局和味道發生變化，
令小貓咪產生壓力。

13

請對小貓咪多點理解，
打掃時盡量安靜，合理安置小貓咪。
注意：
- 小心使用讓小貓咪害怕的清潔電器。
- 不要大聲抖動東西，尤其塑膠袋。
- 不使用味重的清潔劑。
- 保證不趁機洗貓！

也許再給牠們美味的罐罐，
小貓咪就不會影響你的打掃進度了。

02 鏟屎官對小貓咪「喵」叫，牠們聽得懂嗎？

99% 鏟屎官都會對着小貓咪「喵喵」叫。
有趣的是，小貓咪大多也會喵一下回應……

1

有朝一日，貓語精進，
人類和小貓咪也能
突破種族界限實現溝通。

3

「喵」
最初用於小奶貓呼喚貓媽媽，
主要為了吸引貓媽媽的注意。

2

喵喵叫，是小貓咪和人類溝通的語言。
小貓咪之間交流，
更多是用身體語言和氣味，
尾巴、耳朵、鬍鬚、眼神都能溝通。

4

後來，成功用在貓主人身上，
作用是一樣，
因小貓咪發現這種聲音最能引起關注。

6

當你對小貓咪「喵」叫時，
小貓咪認真地看着你並回應，
可能因為……
牠們能理解你，想交流，
所以「喵」一下回應。，

5

據行為學家們統計，
小貓咪大概能掌握 17 種
代表不同含義的「喵」叫聲，
有趣的是，
大多數貓主人都聽得懂，
並做出相應的回應。

7

當你對牠說話時，
可能只是模仿你，
而不是回答你。

（譯作：這個音我會。）

8

有些小貓咪根本不理解
你為何突然不會說人話。

（譯作：我家主人的語音系統混亂了！）

9

如「學貓叫」時用心學習，
在一定程度上可實現貓語溝通。
李小孩兒總結幾個簡單的貓語，
大家學習一下，防止瞎「喵」。

10

短促、音調較高的“miao!”
表示：嗨！我來了！

11

響亮的“MIAO!”
表示：想吃飯、摸我、陪我玩
等具體需求。

12

哼哼唧唧發着顫音的“mia~o~o~o~o”
表示：跟我來、快來看看。

13

低沉、帶嘶吼的“M~IAO ！！”
表示：不行！不可以！

14

最後提醒大家，
在小貓咪的世界裏，
「喵」是溝通，而不是聊天。
如鏟屎官總沒事的「喵」來「喵」去，
忽視小貓咪需求，

15

主僕關係也可能……
隨時破裂。

03 鏟屎官上班了，小貓咪獨留在家會寂寞嗎？

有人認為小貓咪獨自在家必會孤單寂寞，
但也有人認為貓是獨居動物，不需要社交，
才不在乎你在不在！

1

小貓咪雖然是獨居動物，
卻並不等於沒有社交和情感需求。
相反，小貓咪的社交生活非常豐富。

2

牠們每天除了吃喝拉撒，
還花大量時間做以下事：
小時候，和貓媽媽及兄弟姐妹相處，
是小貓咪學習社交規則的關鍵時期。

3

成年後，
牠會巡視領地，
和領地的同類打招呼或打架，
在物資充裕下，
小貓咪也能和平分享領地。

4

奔跑、爬樹、捕獵等；
室內貓的許多行為都模擬捕獵行為。

5

有些還會談戀愛，
甚至是帶孩子。
社交和情感交流伴隨貓咪一生。

6

生活過於無趣、
缺少互動和關愛，
讓小貓咪承受壓力。
當壓力無法釋放時，
會患嚴重的生理和心理疾病，
症狀有：
鬱悶、嗜睡、亂尿、亂叫、
過度梳理毛髮。

7

有些甚至出現分離焦慮，
例如意識到你要出門，
產生攻擊行為，
為了引起你的注意。

8

還有些小貓咪
會製造有創意的破壞，
藉此來保持忙碌。

9

那該怎麼辦？
你只需要在家時做好以下這些事。
每天陪小貓咪玩 1-2 次，
每次 15 分鐘即可，不用太長。
滿足其捕獵需求。

10

與小貓咪適當交流，
並提供按摩和梳毛服務，
滿足其社交情感需求。
還要多誇讚小貓咪，牠們會開心的。

11

出門前，
將小貓咪的領地（家）變得更有趣，
以滿足小貓咪的需求，
有一個可觀景的窗戶。

12

打造三層高空間，
讓小貓咪的領地更廣。
可錯落地放置家具，
貓爬架會更安全。

13

準備小貓咪在家玩耍的安全玩具，
如你不準備，
小貓咪只能自己選了。

14

必要時，給小貓咪開電視
或播放柔和的音樂。

15

養另一隻貓？勸你慎選！
不是每隻小貓咪能接受新成員。
不但沒互相陪伴，
反而讓彼此徒增壓力，
新成員還會給小貓咪帶來資源和
空間的競爭。

16

只要家裏夠有趣，
小貓咪自己在家一整天
也可以很開心。
當然，小貓咪最在乎的……
永遠是鏟屎官你啊！

04

小貓咪如何判斷家裏誰是老大？

小貓咪對家裏的成員
（無論貓、狗，還是其他人類），
有着不同的態度和偏好。

1

有的人鏟貓屎、
賺貓糧，累透了，

2

小貓咪卻對他愛理不理。

3

有些人平時甚麼都沒做，
小貓咪反而和他更親近，
甚至更聽他的話，
因為不同成員在牠心中的地位不同。

4

小貓咪是社會性動物，
在自然群體生活時，
有一定等級劃分。

5

牠們不但知道群體中誰是老大，
還對自己的地位有所認知，
只有這樣才能和平相處。

＊如貓沒找到自己的位置，
則會處於爭鬥的不平衡狀態，
多貓家庭在新貓到家時會面臨這個問題。

6

有行為學家認為，在家貓眼中，
不同物種的區別不是很大，
成員較多的家庭也有地位劃分。
判斷誰是老大，
小貓咪主要看以下幾點：
誰的武力值最高
在貓群中，誰打得贏誰是老大。

7

在家庭成員中，
小貓咪會做出自己的綜合判斷。

8

誰拉屎不埋

「貓老大」可能故意不埋屎，
來強調自己的地位，
而埋屎的多半是小弟。

老大
老大慢走……

9

所以，
鏟屎官的地位一早已決定了……

＊拉屎不埋的原因較複雜，
如太早離開媽媽、
不喜歡貓砂質感等，
需具體分析。

10

誰主動「貼貼」

貓群中，一般是小弟主動
上前迎接老大，
並尾巴上翹表示歡迎，
地位較高的小貓咪會接收
「示弱」的訊號。

老大
老大，您回來啦！

11

家庭成員中也是如此，
想想更主動的是誰？

＊如回家時小貓咪豎直尾巴迎接你，
說明你的地位有所提升。

12

誰先吃飯

在貓群中，先享有食品權的
基本都是老大。

14

誰帶食物回來

貓群中經常帶食物回來的成員，
捕獵能力更強，
往往地位也更高。

13

在人類社會裏，也可能被套用。

15

你家帶食物回來的是誰？

16

誰睡得晚

在貓群中，睡得較晚的，
一般都是擔起守夜任務、
地位較低的成員。

18

這個我不比了，放棄吧。

17

誰站得高

貓群中的老大，
站在領地最高的位置，
以便觀察統治領地。

19

年長或年幼

長者和幼崽在貓群的地位比較特殊，
屬被尊敬或保護一類。
但小貓咪對老年人和幼童的判斷尚
不清晰。

20

以上是小貓咪
對家族成員地位的基本判斷。
你知道自己排第幾了嗎？

無論地位多少，
畢竟真正的老大是——
小貓咪。

05 從小貓咪 11 個動作，看牠真的愛你嗎？

小貓咪對我們的愛有多少呢？
到底哪些小貓咪行為，是在說愛你？

1

眨眼

小貓咪對你慢慢地眨眼，
就是對你表達愛意。
我們也可慢慢眨眼回覆牠。
《如何說貓語：解讀貓語指南》
作者 Gary Weitzman 表示：
緩慢地眨眼是一種接受的姿態，
貓表示和你在一起
很舒服時才會這麼做。

2

打鼾

小貓咪表達愛意最簡單直接的方式，
被撫摸或簡單的眼神交流時，
只要覺得開心滿足，就會呼嚕不停。
有的小奶貓 1 週大時，就懂得了。

* 不是所有呼嚕聲都表示小貓咪高興，
當身體不適時，
會通過打呼嚕緩解身體焦慮。

3

愛你就要舔舔舔

小貓咪每天花大量時間梳理被毛，
關係好的小貓咪也會互相舔毛，
表達愛意。
所以愛你就舔舔，
順便標上自己的氣味！
除了「舔舔」，
小貓咪還會在手上輕輕啃咬表達愛。

4

在你身上踩奶

即是用前腳對柔軟物品踩踏，
這行為常見於小奶貓，
說明牠現在非常放鬆，感到滿足，
並對鏟屎官充滿愛意，
就像小時候在貓媽媽身邊。
也有可能是對衣服布料過過爪癮……

5

送你獵物或玩具

當牠們願意與你分享獵物時，
就真的非常愛你。
往室外的小貓咪，可能會帶回老鼠、
小鳥、壁虎甚至小蛇。
室內的小貓咪會送給你最愛的玩具，
來表達愛意。
鏟屎官要好好表達開心與滿足呀！

6

蹭來蹭去做標記

當小貓咪愛你，會用臉頰、
額頭在你身上蹭來蹭去，
將氣味留下，
別的小貓咪就知道你有「主子」。
有的小貓咪喜歡用爪子摸你的臉，
除了吸引注意力，也是表達愛。
還有些小貓咪太熱情，
圍着鏟屎官的腿轉圈。

7

在你身上睡覺

小貓咪每天大部分時間都睡覺，
當小貓咪喜歡在你身上睡覺時，
就是覺得你是牠安全的避風港，
完全地信任你，也是愛的直接表達。

8

喜歡霸佔你的衣服

小貓咪很喜歡睡在你的衣服上，
特別是穿過的！
愛你的小貓咪覺得，
睡覺時被你的氣味包圍就有安全感。

＊在你衣服上磨爪子，
是小貓咪標記氣味的方式，
以向別的貓宣告
對你的「擁有權」。

9

在門口迎接你回家

小貓咪的聽覺很靈敏，
能分辨腳步聲或汽車聲，
判斷主人是否回來。
當你打開家門，
看到小貓咪在門口等你，
內心就會被愛填滿。

10

跟隨你走來走去

是不是你走到哪裏，
小貓咪都跟着你？
上廁所、洗澡時也在門外等你，
牠們想多看看你，這就是愛！

11

用屁股對着你

貓媽媽舔小奶貓的肛門以助排便。
小貓咪對你亮出屁股，
代表把你當成媽媽。

除了以上的動作，在你面前翻肚皮、對你一直喵喵叫、用尾巴蹭你、擋在手機前等行為，也是小貓咪表達愛的方式。無論是那種行為，鏟屎官都要好好回應！除了表現感動外，還要好好表達你的愛 —— 抱抱、親親、舉高高，還有努力賺錢買貓糧。

06 怎讓小貓咪知道自己有錯並改正？

大家都很關注一個問題——
如何讓小貓咪認識自己的錯誤並改正呢？
很多人都忽視——小貓咪怎會知道自己哪裏錯了呢？

1

當小貓咪「犯錯」時，
你以為正確教育是這樣……
回家時發現小貓咪又尿在床上，
於是把小貓咪帶到
「案發現場」指認罪行，
甚至進行適當的行為教育。

2

在你的邏輯裏，這場糾正錯誤的教育完成了，
小貓咪從此會深刻反省並絕不再犯。
有些小貓咪確實表現得「很愧疚」。

3

如若不改，
就表示牠是隻壞貓！

4

小貓咪看似愧疚的表現，
只表示牠對你的怒氣驚慌失措，
在迴避你的眼神。

5

將人類視角套在小貓咪身上，
才錯了！
其實，在小貓咪看事情是這樣……
牠正懶洋洋地曬太陽，
突然被你拽到房裏。

*發現小貓咪「罪行」時，
牠已離開事發地，
無法第一時間產生關聯認知，
是無效指認。

6

然後，
人類開始嘰哩哇啦亂叫一通。

*此時距離「案發」時間已很久，
小貓咪的記憶已不特別清晰，
也不知道你說甚麼。

7

你甚至出現某些怪異行為。

*此時鏟屎官動作誇張，
小貓咪被嚇到而產生眼神迴避，
其實是源於壓力
而非愧疚。

8

敏感的小貓咪已經知道你生氣了，
但並不知道為甚麼，
於是牠只能——靠猜！
「是嫌我昨天用她杯子擦爪子？」
「還是怪我將窗簾拉倒了？」

9

「哦……明白了，
是嫌我在床上尿了。」

10

「換個地方尿就好啦。」

11

雖然我們和小貓咪很親近，
但無論語言、
理解能力還是思維邏輯，
都不完全相通。

我們所謂的「糾正」
都是自以為是。

12

更糟糕的是，
還給小貓咪帶來心理壓力，
重複「讓你開心」的做法……
有些小貓咪並沒有想像得那麼
「聰明」，甚至有些人將小貓咪
拋棄。

14

當牠「做對」的時候，
第一時間誇獎牠，
多次後有可能形成「正面聯想」。
即使小貓咪沒改好，也不要苛責牠，
畢竟……牠只是智商相當2-3歲的小孩。

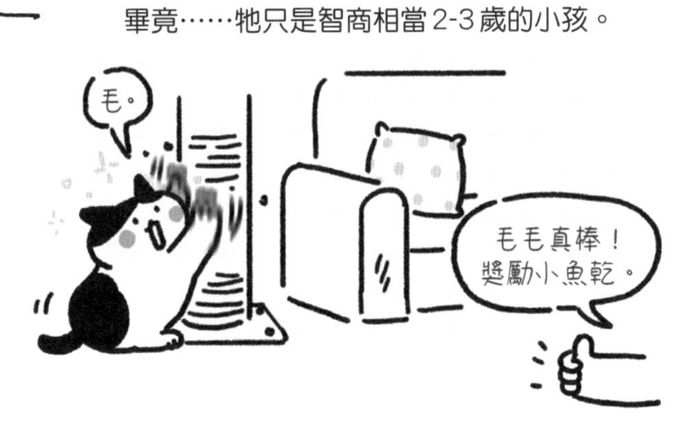

13

不要再用你的邏輯要求小貓咪，
況且很多時候，
真的不是小貓咪的錯。
正確的做法是——
消除讓小貓咪「犯錯」的因素，
好好維護如廁環境、固定好易碎品。

07 小貓咪生氣了，鏟屎官該怎麼做？

一級警報：小貓咪生氣了！
原因都是給牠強制餵藥、洗澡等。
其實，小貓咪是被事件或你的反應嚇到，
需要冷靜一下，並不是人類理解的生氣。

1

你與牠的感情瞬間破裂，
你悔不當初，
怎樣道歉認錯才能哄好小貓咪呢？
下面就教大家幾招吧！

我錯了

2

第 1 招：

連續幾天，用肉麻聲調跟小貓咪說話。
聽起來越肉麻越好。
小貓咪很喜歡高頻、輕柔的聲音，
所以當牠情緒不好，
盡量用溫柔好聽的女聲跟牠說話。

3

第 2 招：

讓小貓咪生氣的東西，趕緊藏好。
如某個地方的東西掉落嚇到牠，
最好把東西移開或打掃乾淨，
別再讓牠看到，產生不好的聯想。

4

第 3 招：

好好撫摸牠，來個全身 SPA，
愛的撫摸有時遠勝一切。
當小貓咪不太拒絕時，
可先從耳朵、下巴等開始愛撫，
並溫柔地道歉。
如牠接受，再來個全身按摩。

5

第 4 招：

假裝不在意，欲擒故縱。
給小貓咪冷靜的空間，安頓一切後，
做自己的事情。待不好印象變淡後，
小貓咪自然會原諒你，又想來黏着你。

6

奉上「貢品」，
好吃的全拿出來。
沒有小貓咪能拒絕喜歡吃的東西，
除非依然處於極度憤怒、
緊張的狀態，
可把好吃的留下，
遠遠地觀察。

7

如家裏的「貢品」
無法熄滅小貓咪的怒火，
只能使出最後一招！

掏錢準備更多
「貢品」！

08 最容易被人類誤解的小貓咪表情

鏟屎官在判斷小貓咪表情方面，真的很差勁。
你有遇過以下的情況嗎？

1

2

因為我們總是從人類的角度
猜小貓咪的心事。
最容易被誤解的小貓咪表情
有以下幾個。

3

飛刀眼

眼睛半睜半閉，
耳朵、鬍子甚至全身處於放鬆狀態，
是小貓咪充滿安全感的表現。

不開心
冷漠

4

睜大雙眼

如搭配壓低的耳朵和蜷縮僵直的身體，
說明小貓咪真的被嚇到了！

賣萌
可愛
裝可憐
人類視角

驚
恐
小貓咪內心

5

如搭配直立的耳朵和
蓄勢待發的動作，
說明小貓咪對眼前的獵物
精神高度集中，
就要衝過去了。

6

小貓咪的瞳孔像相機光圈，
隨着光線的明暗而變化，
光線不足時瞳孔會擴大，
以接收更多光線。

7

打哈欠

在人類視角中，
小貓咪一定是對面前的事物
不感興趣吧。

8

這個表情還經常被人類用作
各種表情包。

哈哈哈

要吃東西

9

小貓咪內心，
其實是準備隨時捕獵、
大幹一場的意思。

10

轉移視線

犯錯被罵時，
小貓咪大多做出這樣的表情。
在人類視角，
小貓咪向旁邊轉頭表示——

11

如小貓咪向下低頭表示——

12

在小貓咪的世界，
轉移視線是為了避免衝突，
還可能是被你的大喊大叫嚇到，
並不知道那裏做錯了。

逃避
在說甚麼
不跟你爭了
有點可怕

13

怒髮衝冠

發出「嘶——」「哈——」的聲音，
在人類視角中，
甚至覺得小貓咪很厲害。

王者
攻擊性
打一場架

14

在小貓咪的內心，
毛髮豎立成刺球，
是為了讓身體顯得更大，
加上發出「嘶嘶」聲，
是虛張聲勢想把對方嚇走，
是被動的防禦姿態。

我是
裝的

15

小貓咪這時候內心承受很大壓力，
自己嚇得不行，很害怕。
這時需要給小貓咪空間，
讓牠遠離壓力來源。

16

人類在辨識小貓咪表情方面很差！
在大多數人類眼中，
小貓咪的喜怒哀樂是這樣……

17

表情並不是小貓咪常用的表達方式，
小貓咪的聲音、身體姿態、尾巴，
甚至氣味和訊息素都能用於表達，
尿液中的訊息素只有小貓咪才能讀取。
小貓咪的世界，是人類無法想像的豐富呢！

18

有研究顯示，
主人普遍對自家小貓咪的積極或消極情緒
有比較準確的判斷，
關係愈親密愈能準確判斷。
為了和小貓咪好好相處，大家要——
好好學習、科學化地養貓。

09 小貓咪的睡姿，竟暴露牠的秘密！

為甚麼有的小貓咪睡得可愛，有的卻那麼奇怪？
不同的睡姿暴露小貓咪很多心情或健康秘密。
毛毛為大家揭開小貓咪睡姿的驚天秘密吧！

1 趴臥式

小貓咪雖然閉着眼，
但耳朵豎起，
肉墊緊貼地面，
隨時可站起來並走開。
這表示小貓咪對周圍環境保持警惕，
並沒完全放鬆，或只想閉目養神。

2 揣手式

小貓咪身體蜷縮，腳放在身下，不太緊張，
也沒完全放鬆，小睡時常用此姿勢，或會隨時醒過來。
室內溫度有點低時，小貓咪會用這種保暖的睡姿。

3
團子式

將身體縮成球狀，並將頭靠在腳上，
將最脆弱的肚皮藏起來，
是性格比較謹慎內向的小貓咪較喜歡的睡姿。
另外，可能因為天氣有點冷！胖貓慎用……

5
趴睡式

四肢盡量伸展，趴睡或側臥，
露出一側肚皮，
代表小貓咪睡得很熟。
這還能讓身上的熱量更快散發，
是天熱時小胖貓們經常選擇的睡姿。

4
裝箱式

狹小和四面封閉的空間，
讓小貓咪覺得很安全，
忍不住鑽進去睡一覺。
多貓家庭或家有小孩，
小貓咪大多選擇這種睡姿。

6
坦誠相見式

小貓咪露出最脆弱的腹部，
甚至睡到打呼嚕，
甚麼事都不能打擾牠，
無論環境或人，
對牠都充滿安全感，
完全不用設防。
小奶貓或特別心大的
小貓咪多用這種睡姿。

7

沒臉見人式

個人最喜歡的小貓咪姿勢之一，
太萌了！
其實是小貓咪覺得陽光刺眼，
有些還會一頭栽進鏟屎官的臂彎內。

8

有些小貓咪還會直接用腦袋貼着地
的姿勢……

9

懸掛式

將身體掛起，讓四肢自然垂下，
看起來像豹子在樹上休息的姿勢。
這種睡姿非常放鬆，
是小貓咪的舒適睡姿！

10

擬人式

小貓咪用自己認為舒服的姿勢入睡。
有研究顯示，小貓咪會跟自己最親近的
兄弟姐妹保持一樣的睡姿。
這意味我們就是牠最親近的人吧！

11

母雞蹲式

小貓咪身體緊張地蜷縮，
用四肢爪掌緊貼地面，
甚至向後弓背，閉着眼卻沒睡熟，
這可能是小貓咪不舒服的訊號。
需仔細觀察小貓咪，
如有呼吸急促、輕觸躲閃或
表現痛苦、長時間不放鬆，
甚至精神萎靡、食慾下降等症狀，
就需要諮詢醫生。

12

恩愛式

小貓咪只有睡在你身邊才最安心，
就是愛你啦！

13

由於小貓咪的獨特屬性，
太多奇怪睡姿根本無法描述。
總之，小貓咪想怎麼睡就怎麼睡；

睡到掉頭

14

最重要是，
想甚麼時候睡，就甚麼時候睡，
想甚麼時候起，就甚麼時候起。
畢竟，小貓咪每天花 15-16 小時睡覺。

10 和小貓咪一起睡，必須注意的事

和小貓咪一起睡，我原以為是生活裏最大的幸福。沒想到睡了一陣子才發現，有些細節必須注意。

1

物理攻擊

明明睡得好好，
醒來卻發現身上
多了好多條細紋……

2

有時被攻擊時，我是清醒的！

3

化學攻擊

這種攻擊比較少見，
但足以「致命」！

4

如次數頻繁，建議帶小貓咪看醫生，
有否消化系統問題。

5

與之相比，口氣攻擊、
屁股懟臉都不算甚麼了。

6

魔法攻擊

這種攻擊不是最「致命」，
卻容易帶來極大的精神傷害！
如小貓咪一晚反覆進出被窩。

* 小貓咪頻繁起床，絕不只是尿尿。

7

導致你睡眠不足，
第二天無法專心工作，
被老闆訓斥、開除，
走入人生低谷……

8

更可怕的是，
有時讓你魂都被嚇飛……

9

結果只是虛驚一場。

*小貓咪進入深度睡眠後不易醒來，
代表睡眠質素好，是信任你的反映。

10

以上問題怎麼解決呢？
睡過才知道，
不是你離不開我，
而是我不能沒有你！

11 「貓爪在上」，到底是怎麼回事？

養貓這麼久，
不知道你有沒有聽過：「貓爪在上」原則。

1

沒聽過沒關係，
但你一定見過——

2

沒錯！
所謂「貓爪在上」是指——
小貓咪的爪爪必須永遠置於
鏟屎官手上。

3

可能是因為，
小貓咪的爪爪太珍貴了。

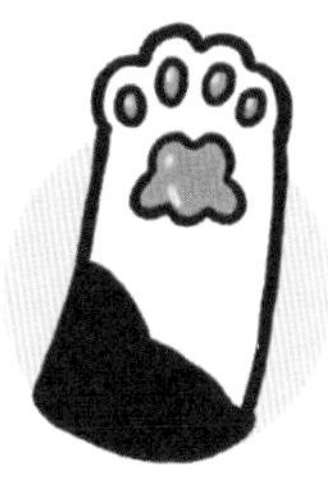

4

貓爪是小貓咪用於捕獵及攻擊
的重要部位，
任何時候，貓爪都不能被控制住，
這點深深印在小貓咪腦海。

5

小貓咪的爪墊很柔軟，
能輕易感到是否受到壓迫。
牠會非常敏感地知道
自己的動作可能不順而需糾正！

6

還有一個重要原因，
換位思考一下……
你的腳被巨大生物踩着是甚麼感受……

7

其實小貓咪願意重複
「貓爪在上」這個動作是好事，
也算是和你比較親近的表現。

對你沒有耐心的小貓咪，
在你第一次碰牠爪子時，
可能就縮回去。

9

也有少數小貓咪，
按住牠的小爪子也不生氣、不會動。
這代表小貓咪完全信任你，
而性格也很好呢！
一定要珍惜啊！

12 從五個細節，看出小貓咪之間是否真朋友

小貓咪之間有真友誼嗎？當然有！

1

只要資源和空間足夠，
小貓咪願意分享領地。
這點從小貓咪接受與人類
共處一室就可以看出來。

2

並不是說，
只要能共處一室不打架，
就是好朋友。
有些小貓咪室友看起來相安無事，
但私底下可能暗流湧動。
小貓咪之間到底有否真朋友？

3

看血緣：親兄弟姐妹

有行為學家發現，
有血緣關係的小貓咪親密的舉動更多。
從小一起長大的小貓咪，感情也更好。

4

如兩隻小貓咪先後入住，
需要更多時間
才能接受彼此的存在。
小貓咪能接受分享資源就很不容易，
親密無間是種奢求……

5

看睡覺距離：真友誼抱着睡

睡覺，屬小貓咪的私密行為，
只有真正親密的朋友才能一起睡。

6

關係一般的小貓咪，
有可能分享一張「床」，
但會刻意保持安全距離，
其實是一種奇妙的平衡。

7

摩擦哪兒：好朋友彼此摩擦

小貓咪之間摩擦，
除了身體接觸外，也是一種標記。
好夥伴會經常摩擦，
互相交換氣味。

8

室友的小貓咪摩擦的
大都是家裏物品，
就像在說：這是我的，那是你的。

9

互舔舉動：真朋友互舔

舔毛是小貓咪重要的
社交行為之一，
互舔除了互相清潔，
還增進感情，
說明認可彼此的地位。

10

舔毛也是社交禮儀，
一般是地位高的小貓咪為地位低的舔毛，
一旦關係一般且規則被打破，
就可能會打起來！

11

同步率：真友誼 80% 同步

小貓咪之間如關係好，
會產生行為趨同現象。
幹什麼都同步，
甘願當彼此的影子。

舔爪同步

睡覺同步

12

普通室友小貓咪，
只有欺負鏟屎官同步。

13

怎樣升級成為真友誼呢？
只要做到以下幾點：

1. 資源足夠：罐罐夠吃，廁所夠用。
2. 鏟屎官不偏心。
3. 空間配備合理。

14

希望牠們相親相愛就要……
靠緣分了！
小貓咪的友誼破裂非常容易，
有時洗個澡就可以了！

剛洗完

*洗澡讓小貓咪的味道改變，等於變身一樣。

13 跟小貓咪打招呼的正確方式

第一次跟陌生的小貓咪見面，
該怎麼打招呼呢？

1

強吻？

2

摸肚皮？

3

以下是正確方法，
讓小貓咪一見面就喜歡你！
還特別適合來看貓的朋友和小朋友。

4

第一步：輕輕走過去

不是跑過去，是輕步行，
不然會嚇到小貓咪。

5

第二步：在小貓咪旁蹲下或坐下

避免居高臨下給小貓咪壓迫感。

6

第三步：手指貼近口鼻旁

手輕輕伸過去，動作不要太快，
把食指指節放在小貓咪口鼻旁邊。

7

第四步：觀察小貓咪的反應

如牠輕輕用小鼻子聞聞，
沒有逃走，甚至摩擦你的手，
表示牠不討厭你，
甚至有些喜歡或好奇。

8

第五步：摸摸小貓咪

你可從小貓咪頭頂開始向後摸，
先摸到腰部，如牠沒反抗，
可一直摸到尾巴根部。

9

第一次交友成功了！
從此你就是牠的新「貓奴」！

10

第六步：送上小零食

你還可以用手餵牠吃些小零食，
這樣能更快增進彼此間的友誼哦！

11

就算按以上步驟做，
也有可能得不到認可，
就讓小貓咪自由逃走，不要窮追不捨！
別氣餒，調整好心情，從頭開始，下次再來！

14 為甚麼小貓咪喝水前，要洗貓爪子？

你家的小貓咪也會這樣子嗎？

1

開始時，我還以為只是
牠故意氣我才這麼做。
結果發現……
在水碗裏

2

在魚缸裏

3

帶着困惑與憤怒，
我們教訓了毛毛一頓，
然後牠交代了原因……

4

最重要的理由是——水碗本身不適合。
小貓咪這樣做，
可能是因為不想低頭喝水
而讓貓鬚碰到水碗，
也就是說，水碗太小了！

＊稱為鬍鬚疲勞
（Whisker Fatigue），
因鬍鬚接受過多刺激，
令小貓咪壓力很大，
要避免繼續壓迫鬍鬚的行為。

5

所以小貓咪只能用貓爪子蘸水喝！

6

如水碗的顏色
無法讓水位線清晰地顯現，
就得用爪子先試試水位，
嘗試換個顏色鮮艷的水碗，
並加滿水試試。

7

如水碗擺放的位置太靠牆或卡在牆角，
小貓咪需要頂着牆才能喝水，
牠會用貓爪子把水碗拉出一點來，
其實不是洗貓爪子。

8

有些小貓咪因為太無聊，
很喜歡用小爪子扒水龍頭、飲水機的流動水，
或乾脆拍打水面，造成水花四濺的效果。
就是開心、就是玩！

9

經常洗貓爪子，
對貓爪和水其實不大好。
爪子濕漉漉的，
很容易滋生細菌，感染趾間炎。

10

被污染的水裏，
有太多灰塵、貓毛，
其他小貓咪也不愛喝，
會造成減少喝水。
如你家小貓咪有喝水前洗貓爪的毛病，
要盡快解決啊！

15 為甚麼小貓咪摀着臉睡覺？

太萌了　很可愛

當看到小貓咪以下的睡姿時，
你總會……

1　你家小貓咪會這樣睡嗎？

2

為甚麼小貓咪喜歡摀着臉睡覺？
沒臉見人？裝可愛？
大概可能有以下的原因。

3

環境太亮

小貓咪喜歡在溫暖的環境下睡覺，
但又不喜歡刺眼的光線，
所以會手動遮光。

4

相當於給自己戴個眼罩吧。

5

太沒安全感

有些小貓咪睡覺時，
相對沒那麼放鬆。
牠們本能地採用「頭部保護姿態」來睡覺。

6

保持貓爪動作

小貓咪在睡覺期間會舔下毛，
或恰好伸個懶腰，
就保持貓爪搭在臉上的姿態。

7

小貓咪喜歡

小貓咪睡覺的姿勢千奇百怪，
捂臉睡覺當然是因為自己喜歡啊！

8

還有一種可能……

16 為甚麼小貓咪喜歡坐在我身上？

一刻也離不開我！

小貓咪總是黏着我，尤其喜歡坐在我的身上。
真的是喜歡我嗎？

1

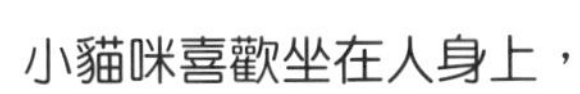

小貓咪喜歡坐在人身上，
無論你是坐着還是躺着，
不只是因為喜歡你，
而確實對你很信任、很可靠。

2

有時，小貓咪跳上你的腿，
是為了跟你建立聯繫。
此時牠不僅想坐着，還想你——
摸摸牠

3

親親牠

4

甚至跟牠談談天。

*小貓咪對人類發出喵喵聲，
是有所要求的意思，
要盡快想想牠有甚麼要求哦！

6

研究發現，
小貓咪是否喜歡坐在人的身上，
跟衣服材料質有關！
如你穿着柔軟的純棉衣、
羊毛大衣或浴袍，
小貓咪會傾向坐在你身上。

5

有些小貓咪喜歡坐在你身上，
是因為你暖和，
人的腿一般很溫暖。

7

甚至因某衣服柔軟又有你的氣味，
即使你不穿它，小貓咪也喜歡坐在上面。

8

如你穿的是行山外套或防水衣……
小貓咪可能離你而去。

10

小貓咪 B：
不喜歡坐在人身上，但任人摸。

9

當然，小貓咪表達親近的方式
都不一樣，
如你沒變成「貓坐墊」，
也不要太灰心。
小貓咪 A：喜歡坐在人身上，
但不喜歡被摸。

11

如小貓咪選了你當「坐墊」，
無論是甚麼原因，
作為合格的鏟屎官，
你該知道怎麼做。

17 為甚麼小貓咪喜歡紙箱？

網購非常方便，囤了一堆紙箱，
最開心的又會是小貓咪。
為甚麼小貓咪那麼喜歡紙箱呢？

1

據專業人士透露，
原因有以下幾點。

四面遮擋

安全隱蔽紙箱正好符合
小貓咪對藏身地點的要求，
不但能安心休息，
還能在內展開伏擊，

2

保溫，體感舒適

尤其是冬天，
較厚的紙箱防風效果挺好。

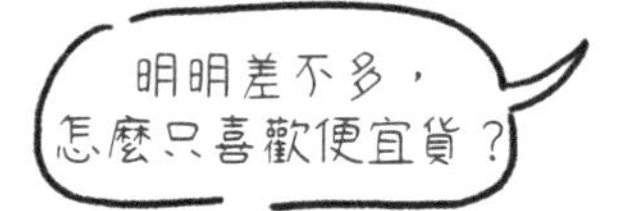

3

味道自然，爪感還好

紙箱有點貓窩比不上的是——
可以磨爪子。
而且紙製品的味道相對較自然，
小貓咪比較喜歡。

5

好奇心

作為獵食動物和機會主義者，
小貓咪本能地對有深度的空間
充滿好奇。
於是……

* 錯誤示範。

4

大小皆宜，「胖」有所依

無論是小貓還是大貓，瘦貓還是胖貓，
都能找到適合自己的紙箱。
如沒有，那麼擠擠也就合適了。

6

而且，紙箱對鏟屎官而言，
絕對是最常見，並經濟實惠。

8

並且，不要讓紙箱剪切的
截面太鋒利，
否則可能割傷小貓咪。

7

想小貓咪更愛紙箱，
物盡其用，也是有學問的！
首先，最外層的紙箱盡量不要用，
給小貓咪做玩具的紙箱，
最好選比較新的內層紙箱。

9

也不要在紙箱外面，
塗抹化學染色劑，
小貓咪可不能聞這些味道。

10

兼顧以上注意事項的基礎上，
如果你手藝實在了得，
那麼可以好好發揮創意與想像力，
創出你的風采！
加油哦！鏟屎官們！

貓咪小知識

智商排行前十名的小貓咪

第10名：
美國短毛貓（American Shorthair）

作為最受人喜歡的「三短」品種之一，美國短毛貓可以說是「大眾情人」。牠們性格隨和，與人相處非常融洽，又安靜得恰到好處。銀虎斑花紋已成了這品種的經典花紋。

＊「三短」分別是指美國短毛貓、英國短毛貓和異國短毛貓（俗稱加菲貓）。

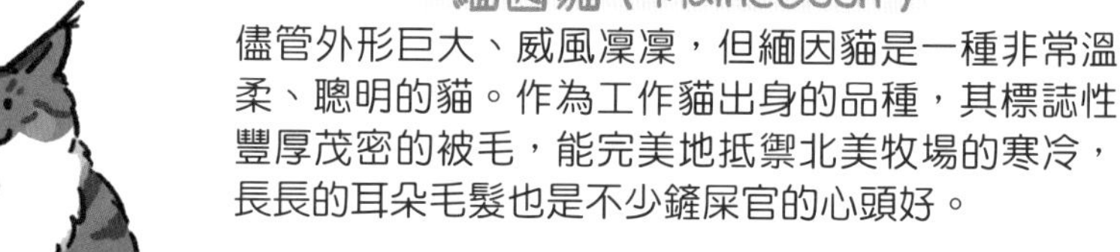

第9名：
緬因貓（MaineCoon）

儘管外形巨大、威風凜凜，但緬因貓是一種非常溫柔、聰明的貓。作為工作貓出身的品種，其標誌性豐厚茂密的被毛，能完美地抵禦北美牧場的寒冷，長長的耳朵毛髮也是不少鏟屎官的心頭好。

第 8 名：
日本短尾貓（Japanese Bobtail）

招財貓原型的日本短尾貓，是清秀可愛的品種，特別是三花色，被認為是幸運的象徵，在日本可算是家喻戶曉的明星寵物。牠們活潑親人，適應環境的能力非常強，雖然是單層被毛，但也要好好打理啊！
＊長相是非常可愛、有特點的。

第 7 名：
土耳其梵貓（Van Kedisi）

土耳其梵貓以喜歡水、擅長游泳而聞名的品種，其絲質被毛非常容易打理，體型巨大、身手敏捷，並充滿好奇心。牠們雖然擁有古老的血統，卻是較晚被「小貓咪協會」認可的新品種，在發源地有數百年的歷史，但數量依舊不多。

第 6 名：
孟加拉豹貓（Bengal Cat）

由家貓和豹貓繁育出來的混血後代——孟加拉豹貓，非常聰明，運動能力很強，喜歡在垂直空間來回奔跑及跳躍。厚實、帶金粉光澤的華麗被毛，是這個品種最明顯的特徵。想飼養這個品種，一定要給牠們足夠的空間來釋放精力。

第5名：柯尼斯捲毛貓（Cornish Rex）

擁有彎曲、柔軟貼服的被毛，高高的蛋形鼻樑和大耳朵的柯尼斯捲毛貓，在外貌上非常有視覺衝擊力，個性也非常鮮明，喜歡運動和探索，修長的四肢異常靈活，常被稱為貓中的格力犬。

第4名：阿比西尼亞貓（Abyssinian Cat）

牠是貓界中的社交高手。這個品種以其聰明和熱情而聞名，非常熱愛家庭生活，充滿自信並善於互動，跟所有貓咪能成為好朋友，其運動能力也同樣非常出名。作為其衍生品種的索馬里貓（Somali Cat，視覺上來看是長毛版的阿比西尼亞貓），完美繼承了以上的特徵。

第3名：暹羅貓（Siamese Cat）

暹羅貓是短毛貓的經典代表，長相充滿異域風情，是世界上最知名、最受歡迎的品種之一。其情感豐富、心思細膩，渴望主人的關注和陪伴，非常聰明又善於察言觀色。比起與其他小貓咪玩，牠們更喜歡依偎在主人的懷抱裏或被子裏，是非常怕冷又怕孤獨的品種。

作為暹羅貓的衍生品種，各種花色的東方短毛貓、重點色短毛貓，以及牠們的長毛版，都繼承了暹羅貓的智商和性格。

第2名：加拿大無毛貓（Sphynx）

加拿大無毛貓犧牲了被毛，把「技能」全堆砌到智力上（開玩笑的⋯⋯）。作為貓界外表最獨特的品種之一，牠們的智商同樣非常出名，怕冷又怕熱，需要主人的細心照顧。其聰明又溫柔的性格，俘獲了大批鏟屎官的心。

第1名：中華田園貓（Nulla Luctus Felis）

是中國本土家貓類的統稱，數量最多，中華田園貓中不僅有各種「盛世美顏」，也有數不清的高智商天才，最聰明的小貓咪當然非牠們莫屬。雖然大家覺得中華田園貓體質應非常好、不易生病，但也可能有遺傳病和先天性疾病，鏟屎官們要多注意。

繪者

李小孩兒

編者

有毛 UMao 團隊

責任編輯

簡詠怡

裝幀設計

羅美齡

排版

羅美齡、楊詠雯

出版者

知出版社

香港北角英皇道 499 號北角工業大廈 20 樓

電話：2564 7511　　傳真：2565 5539

電郵：info@wanlibk.com

網址：http://www.wanlibk.com

http://www.facebook.com/wanlibk

發行者

香港聯合書刊物流有限公司

香港荃灣德士古道 220-248 號荃灣工業中心 16 樓

電話：2150 2100　　傳真：2407 3062

電郵：info@suplogistics.com.hk

網址：http://www.suplogistics.com.hk

承印者

美雅印刷製本有限公司

香港觀塘榮業街 6 號海濱工業大廈 4 樓 A 室

出版日期

二〇二三年十一月第一次印刷

規格

16 開（220 mm × 150 mm）

ISBN 978-962-14-7514-5